求是 | 大 | 讲 | 堂

思维创新十六讲

金 立 / 著

THOUGHT

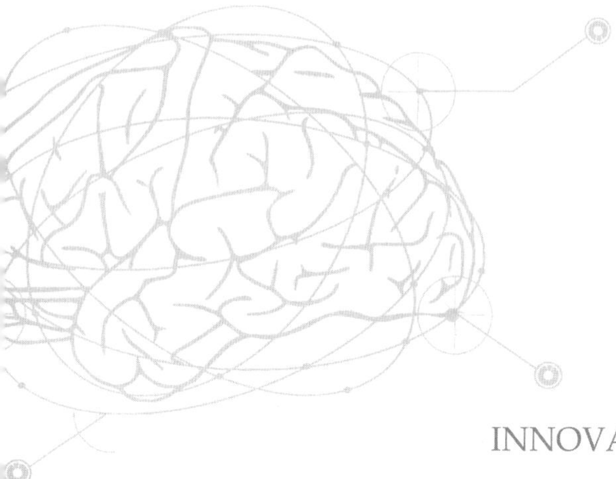

INNOVATION

16 LECTURES

ZHEJIANG UNIVERSITY PRESS
浙江大学出版社

图书在版编目(CIP)数据

思维创新十六讲 / 金立著. —杭州：浙江大学出版社，2019.6

ISBN 978-7-308-19157-9

Ⅰ.①思… Ⅱ.①金… Ⅲ.①创造性思维 Ⅳ.①B804.4

中国版本图书馆 CIP 数据核字（2019）第 099305 号

思维创新十六讲

金 立 著

责任编辑 朱 辉
责任校对 杨利军 宁 檬
封面设计 春天书装
出版发行 浙江大学出版社
（杭州市天目山路 148 号 邮政编码 310007）
（网址：http://www.zjupress.com）
排 版 杭州林智广告有限公司
印 刷 杭州杭新印务有限公司
开 本 880mm×1230mm 1/32
印 张 5.375
字 数 130 千
版 印 次 2019 年 6 月第 1 版 2019 年 6 月第 1 次印刷
书 号 ISBN 978-7-308-19157-9
定 价 35.00 元

浙江大学出版社市场运营中心联系方式：（0571）88925591；http://zjdxcbs.tmall.com

目录

第1讲

从哲学出发谈创新的合理性

创新如今成了一个司空见惯的流行词。梳理一下，最早出现的是管理创新，因为它最接地气、最务实，接下来是技术创新，大家意识到了科技的重要性，再接下来是机制创新，制度创新，服务创新，产品创新，市场创新……最终出现了思维创新。但是，思维创新基本上并没有讲思维，讲的还是管理或技术。为什么会出现这样的情况？因为思维创新最晦涩、最抽象。社会上往往是从实践层面展开讨论，如管理、制度、产品、服务等，可是一旦对这些问题不断追问为什么就会发现，它们自身解决不了自身的问题，根本的原因不在实践层面，而在人身上，确切地讲，是人的思维。恰恰是思维决定了人的行为和实践，也就是说，思维创新对所有其他的创新行为和实践起到了无法替代的决定作用。一言以蔽之，**思维创新是其他创新行为的出发点**。

思维里面有什么？这是我们讨论思维创新前必须搞清楚的，只有搞清楚了思维里面有什么，才能有的放矢地去提升思维，这本身就是一个理性的思维过程。毋庸置疑，**思维里面有方法**。**方法有一部分是靠后天学习和经验获得的**。如果没有学习过物理学，就不可能明白秋风中的落叶是重力、空气阻力和风力共同作用的结果，也就不可能用物理的思维看世界；如果没有学习过数学，面对两个苹果分给两个人的问题时，只知道一人分一个，不知道1+1=2；同理，没有学习过社会学调查统计的方法，自然就不知道怎样科学地“用数字说话”，而容易陷入数字的陷阱与欺骗之中。总体而言，所有的自然科学和人文社会科学都是给我们提供科学方法的来源和依据。当然，方法也有从经验和实践中来的，比如如何做一盘西红柿炒蛋，如何更高效地整理房间等。还有一些方法是先验的，也就是生来有之的。比如，如果我们同意“所有的人都是要死的”和“金立是人”这两个前提，我们就毫无例外地得出一个完全一致的结论：“金立是要死的。”为什么？因为每个人都自觉地遵守着三段论的第一格（如下），而这样的结构是先验地存在于思维里的，后天只不过是在不断地实践它而已，由此，逻辑是先验的。可是，这么多的方法，要如何更高效地获得呢？在各个学科提供知识和方法的背后，哲学为各个学科提供理性支撑。**哲学研究方法论，是为具体的方法本身提供方法，由此，从哲学出发是提升方法的最高效的途径**。

大前提：M（人）——P（有死）

小前提：S（金立）——M（人）

结 论：S（金立）——P（有死）

思维里面有方法，但不仅仅只有方法。人们常常认为思维就是方法，这其实是一种误解。如果思维就是方法，那么，是否学习过逻辑学的人都有很清晰的思维，就不会陷入思维的混乱？是否意味着逻辑学成绩优秀的学生都会有特别好的逻辑思维？不尽然。是否大家接受了同样的知识、使用了同样的方法学习后思维的结果都一样？当然不是。方法无疑有利于思维发展，但方法只是部分。况且，方法一旦成了方法，就具备了一定的稳定性，从而无法避免地带上了有限性的不足。**除了方法，思维里面还有非常重要的东西——观念。方法只是一个连接观念的框架，它既可以在一系列的观念的连接之间形成思维的智慧火花，也可能仅仅是将一堆陈旧观念堆砌成平常之见**。

方法和观念哪一个更重要，是怎样的关系？打个比方，**方法类似于书架，观念就是那一本本书**。书架从来不需要太复杂花哨，它只需要干干净净、清清楚楚地呈现结构和分割空间，起到装点作用的是书的风格以及书的摆放方式，否则就哗众取宠了。**简单的书架和变化的书共同产生了不同书卷味的审美感受**。一个人的思维里面，有方法，有观念。方法有利于观念的产生，所以方法的学习很重要；观念既来自于方法，又需要适时地对方法加以超越。因此，跳出方法局限性的窠臼就需要我们有勇气不断地尝试，正如书本依托书架呈现自身的审美价值，然而，**一个真正爱读书并在摆放书本中获得愉悦感的人从来都不会让自己的书局限于书架条条框框的限制，而是在遵守与适当的逾越中变奏着特别的书香味道**。

观念指导人的行为，有不同的层次，潜伏在生活的背后时时刻刻发挥着作用。如此之多的观念，如何高效面对？用同样的思路，找到琳琅满目的观念中为数不多的最重要和最根本的观念。**在层层观念之中最深层次的就是世界观、价值观和人生观，也就是人们常说的“三观”，它们决定了人与人之间的根本差异**。

世界观就是对世界的看法。如果一个人没有学习过物理学，他的世界里就不会有原子、中子和质子这样的概念；如果也没有学习过数学、生物和化学，那么，他对世界的理解就一定缺少科学的色彩，由此，感性的色彩会远远超过理性。一个胸怀天下的人是无法与一个只有自己眼前这一亩三分地的人成为莫逆之交的。**看到的世界有多大，决定了自己的心有多大；自己有怎样的眼睛，决定了自己看到的是怎样的世界**。两代人之间的沟通隔阂，里面就有世界观在起作用。这么多年，我通过讲台与社会各界建立了很多的沟通，主要面对的是社会的精英阶层：政府管理者和企业管理者。可是，十多年里，深深的无奈和担忧一直伴随着我。为什么？总觉得他们身上体现出来的世界观无法对接如今快速发展的时代。俗话说“站得高，看得远”，他们站的位置不够高自然看得也就不够远。尤其是当我们身边已经充斥着高科技，科技日益深远地影响我们的生活的时候，我们有意识到科技发展的轨迹和未来的方向吗？当我们面对第一台智能手机的时候，有没有意识到二十一世纪的第一场科技革命的正式到来？还是顺应着原来的思维仅仅将它看成一台手机？可是，如果从来没有学习过科学技术发展史、知识论、科技哲学，怎么可能自觉地产生对这个时代科技发展的整体把握？怎么可能产生 science（科学）—technology（技术）—society（社会）的三维讨论？这样的观念是不可能从经验世界里获得的。客观地讲，几十年的快速发展，我们需要补的课太多，实在来不及。这样的不足使得人只能看见几十米之外，无法判断更远处，正是世界观的狭隘阻碍了人和社会进一步的发展。这样，势必使得更多的企业以一种不断努力的方式不知不觉地走到悬崖绝壁，也会使我们的政府管理“头痛医头，脚痛医脚”，留下一堆的问题。担忧之余我坚信，时间会慢慢缓解这一问题。目前，随着整个社会的科技素养和科学思维渐渐强了起来，科技水平和创新能力也强了起来。

价值观就是对价值的看法，也就是，你认为最重要的、最有价值的东西是什么。**人生常常需要删繁就简，把看似必不可少的东西一样一样地丢弃掉，看看最后剩下的是什么，那往往就是弥足珍贵的价值所在**。人生就在价值的寻找、追求与坚守中踏实前行。这么多年，我常常给人一种印象：始终温暖和愉悦着。是浙江大学很宽松，没有压力？还是我自己看淡了人生，无所谓地给自己解压？都不是。浙江大学是国内大学中压力最大的大学之一，否则不可能有如此长足的进步。我一直努力地去面对压力，从来没有懈怠过。我的温暖是来自于我的愉悦，而愉悦则来自于我对价值观的坚守。我有幸在比较早的时候就机缘巧合地找到了自己最重要、最喜欢做的事——看书，做学问，讲课，写文章，用知识深刻而饶有趣味地体验人生。这是一个自洽的系统，核心元素是知识的汲取。相对于此，其他的事情都显得无所谓。一天不看看书，做点与思考有关的事，就会感觉光阴虚度混日子，浑身不自在。正如，忙碌一天后回家，要做的第一件事就是烧上一壶开水，沏上一杯茶，疲劳顿时减半。**找到最喜欢的事，去掉不重要的事，远离诱惑，放下无所谓的无聊之事**，这样，在喜欢的过程里浸泡出的不是愉悦是什么呢？无论是谁，只要用心坚持做自己喜欢并自认为最有价值的事，他也就由此实现了他的价值。人的精力有限，“断舍离”是一种价值寻找和实践的过程。

最后，与价值观相关性很强的是人生观。你如何看待人生？人生中最有价值的是什么？人生该如何度过？人生很长，是一场不确定的一次性的漫漫旅程。我们不知道会遇见谁，会发生什么，会有怎样的困境、挫折与诱惑，即便一帆风顺，也无法逃离三点一线的千篇一律和无聊，如果不确立一下人生的价值所在，真的就如同叔本华所言：“人生就像一个钟摆，在痛苦和无聊之间左右摇摆。"**痛苦、无聊，自然存在，价值的确立可以帮助我们在直面痛苦中升华，在化解无聊中超越**。

在高考志愿面前，家长往往在意的是哪一个专业可以找到好的工作，好的工作就是比较轻松稳定和收入高。而越来越多的孩子，尤其是浙江大学学子这样优秀的孩子，他们往往会发自肺腑地说出以下观点。"你干吗那么在意收入多高？你觉得钱多点一定更幸福吗？你干吗一定那么看重轻松？轻轻松松能得到充实吗？怎么一点都不考虑我是否喜欢，专业是否合适？如果我不喜欢物理，能学得那么好吗？如果我不适合历史，怎么会考得那么高？"只有做自己喜欢和合适的事，才能做得好，做得愉快。这是一种比较普遍的观点，原因之一是他们生活在一个物质不断富裕的和平年代。还有部分孩子会说得更意气风发："你知道吗？中国目前终于走出了几百年的厄运和阴暗，当下的中国与世界紧密地互动着，我们需要找到那些急于解决的难题和最卡壳的技术，把它们当成自己一生的事业，让自己在中华民族伟大复兴的道路上尽点责任。"在这样的语言里，我们看到了难能可贵的社会价值和对国家命运的担当。这里呈现出的就是价值观和人生观的双重不同，父母从艰难岁月走来，孩子生长在和平的好时代，前者更看重金钱和物质的价值，后者更追求个人的精神价值和社会价值。同理，一个满眼是物质的金钱女，是无法与一位志在追求人生价值的人朝夕相处的；一个以知足常乐自我安慰的人，是无法与一个想要实现无限可能性的人肝胆相照的。前一阵子，送儿子去东南大学建筑学院上学，由于是老校区，宿舍楼的条件很差，我有点心疼地说："都是妈妈，偏偏不让你读浙大。"他说："我是来学习的。**一个人既要能享受富贵，又要能坦然面对困境，这才是幸**

福的能力。妈妈，这些话不都是你说的吗?”由此想起他在高考前最后一次回校路上说的话:“妈妈，我要找的专业不是作为一份工作，而是一份事业，可以用一生去追求，不论成败。”说实在的，我很开心，孩子已经很好地确立了自己的价值观和人生观，作为妈妈，我由衷地放心。

对于孩子来说，世界观、人生观和价值观的确立是最重要的，也恰恰是家长义不容辞的光荣而艰巨的责任。培育正确的观念并不断地使其发展和成长，这就是父母对孩子最好的教育。常言道:“心有多高，世界就有多大。”这里的心，就是观念。**心至，路至**。**路随心而动，而向远方延伸**。三观决定了人的高度和深度。**人生无非就是为这几个基本观念做脚注**。

思维创新是方法与观念结合的一系列连续运动的推陈出新的思维活动。对方法进行整体研究进而提供方法论是哲学的重要任务，将世界观、人生观、价值观这三个基本的观念合在一起进行研究的学科就是哲学。由此，**哲学提供所有知识背后共同的知识，所有方法背后共同的方法，哲学理所当然构成了思维的出发地**。因此，从哲学出发谈创新不仅是可行的，而且是恰如其分、不可替代的。

从哲学出发谈
创新的合理性(上)

从哲学出发谈
创新的合理性(下)

第2讲

思维创新的宏观前提：时代的变革性

从浙江省的“创业富民、创新强省”，到李克强总理的“大众创业、万众创新”，创新成了时代的主题。与此呼应的还有，常常听见如下的课程介绍：“下面，我们请一位时尚的老师来给大家讲一个时代的话题，那就是——创新。”创新，俨然已经成了一个司空见惯的大众名词。可是，创新实际上却是一个难度系数极高的概念，它本质就是推陈出新，就是打破一个旧的状态进入一个新的状态的过程。创新成为一个时代的主题，合理性何在？理由何在？要知道，**真正的质疑，不仅是对命题的质疑，更是对命题的潜在前提的质疑**。如果是在一个平稳过渡、延续着原有趋势惯性发展的时代，思维创新不可能也没有必要成为主题，原有的经验和做法基本可以承担继续的发展，而当一个社会经历了巨大变革的时候，创新才成为必不可缺的时代精神，当原有的经验已经远远不足以应对新的社会发展的时候，打破原有的框架进行超越，就成了社会进步的必经之路。时代的变革性，才是思维创新成为时代主题的首要前提。接下来，让我们站得高一点，来看看时代的变革性吧。

首先，**这种变革性从生活的各个方面都可以呈现出来**，当然，因其自身的因素会有所不同。就拿出行方式来说吧。我们从靠两条腿，到骑自行车，到有一辆汽车成为稀罕物，到最终家家户户都有汽车。从两条腿到两个轮子再到四个轮子，这就是过去几十年中国社会取得的丰硕成果。最近几年，除了继续着这样的趋势，汽车还从一辆到多辆，质量从低端到经济型再到高端，出现了全新的气象：汽车不仅有烧油的还有充电的，并且在不断普及；不仅可以开自己的汽车，还可以分享别人的；驾驶员不再需要认识路，导航比人更准确灵活；过不了多久，自动驾驶将与人工驾驶合作甚至取而代之。这些变化是无法归并至过去的趋势里的。这两种变化是不同的，是无法比较谁的变化更大的。说明什么？今天与昨天正在做延续性的告别，在延续原有态势的基础上做部分的颠覆，这是变革性的时代的清晰表征。

同理，我们再看看居住情况吧。从集体宿舍到房改房再到商品房，从没地方住到目前人均住房建筑面积 40 多平方米，从一般的楼盘到集地段、物业与精装修为一体的高端楼盘，中国延续了几十年的房地产发展，经济高速增长和城市化进程下的高价拍地与高价售楼助推的是一波又一波的高房价，买房似乎是保赚不亏的生财之道。高房价目前已经严重影响了实体经济和幸福感，更搞坏了心态。人均居住面积达到40 平方米，意味着我们盖的房子已经足够多，一手房市场将向二手房市场转换，政府的财政收入也将从土地出让金转为税收，征收居住人的房产税成了一项长期有效的财政来源，而且征收的是居住面积超额的人，也符合高收入者多交税的社会公平原则。由此，原先靠炒房赚了很多钱的人，接下来要为自己的房子承担高额的税收。房子是拿来住的，炒房的时代就这样走向终结。

同样，当我十年前在美国被问及中国、特别是浙江的企业家在说什么的时候，我常常推说不了解而不做回复。为什么？我明明知道浙江的老一代浙商领军人物是鲁冠球、宗庆后、冯根生。我清楚地知道鲁冠球的“两袋投入”(一手抓脑袋，一手抓口袋)告诉了多少企业家要重视知识的学习和人才的培养，“三证之说”(质量是通行证，价格是介绍信，售后服务是信誉卡)引发了企业对售后服务的重视，还有就是著名的“财散则人聚，财聚则人散”的管理智慧。可是，这些理念当时美国的企业家不明白吗？如果放到今天，还有人不明白吗？当初经济高速发展下的企业家的“草根性”与时代的特征是绑在一起的。今天没有人再问我这样的问题，大家都知道中国的企业家在想什么、做什么，企业家的素质和产品的科技含量在同步增长。

出行方式、居住情况和企业家，从三个方面呈现出了时代的变革性，我们正在渐渐地与昨天告别。**从小处看，浙江精神从“千千万万、千辛万苦、千山万水、千言万语”的“四千万”到“创业富民、创新强省”；从大处看，国家也从创业时代发展到了将人工智能纳入国家战略的创新的民族复兴之路上。**

一个七八十岁的老人，他经常会感慨：“现在的日子真的不错了，跟过去相比发生了那么大的变化，跟做梦一样。”往往感慨的是二十世纪中国前后几十年的巨大变化。同时，我们还会听到如下的声音：“这个时代变得太快了，我有点跟不上了，我感觉自己像外星人了。”这样的不适说的是当下二十一世纪的变化。同样是变化，为何一个是喜悦的适应，一个却是不适的距离感和压力？这两种变化是一样的吗？

很不一样！**前者是追赶的变化，是过去几十年从贫穷到脱贫**

致富的变化。有一场比赛早已开始，中国一开始没有参加，当他醒悟过来必须参加、不得不参加、不参加就不可以生存的时候，他必须奋力去追，而这个追就要以损失一定的情感和精神为代价，这样的追赶，把别人走了几百年的路缩短成几十年，一下子追上，一揽子完成，这就是我们过去一直感受到的沧海桑田的变化。可是**这几年的变化是什么？是这个时代的节奏**。它表现在：当你到一个城市去，你不用再担心迷路，你完全可以自信地去租一辆当地的汽车，然后自己开着手机导航，去任何你想去的地方；我们只需动动手指就能用各种方式不远千里、万里地跟朋友亲人沟通和交流，没有任何困难；马路边上到处都是各种颜色的共享单车，可是以前在大学的时候特别担心的事情就是自行车被偷走；想开始一场说走就走的旅行，我们只需通过手机购买一张火车票或者飞机票，带上手机和身份证就可以走遍中国大地。GPS（全球定位系统）、共享单车、手机支付、微信等作为元素构成的变化是属于二十一世纪的节奏，今天的国人首先把握了这种节奏。**追赶中的变化，因为有明确的目标和方向而具备确定性；当我们在队列中不断靠前，就意味着我们必须自己去开拓方向，寻找新的增长点，这一刻，就会带上迷失和茫然的色彩，同时也意味着全新的机遇**。当然更重要的一点是，这些二十一世纪的节奏只是原有节奏的简单加快吗？世界到了二十一世纪到底在干吗？是对原有发展态势的简单延续呢还是颠覆性的拐弯？我认为是拐弯！二十一世纪正在进行一次大幅度的拐弯式发展。这才是我们这些年自身产生不适感的重要原因。回顾二十世纪的科学、哲学和艺术，我们将明显地感知一点：它们都在与过去告别，告别的目的就是为新世纪的到来做准备。下面，我将进行简单阐述。

科学彻底结束了几千年的探索初衷。当两千多年以前，“世界是什么”的问题被提出的那一刻，哲学宣告诞生，科学也开始出行。不管结果是水还是土，是逻辑还是数，各种不同的答案中都隐藏着一个确定的预设：一定有一个确定不变的东西，世界一定有必然性。可是当英雄凯旋时，二十世纪最杰出的科学基础理论量子物理说：世界没有确定性，一切是以概率的方式分布的，世界是偶然的。伊利亚特的英雄出征时抱有的雄心壮志在奥德赛的回归中化为了泡影，当然这一点只是对几百年以前康德的“人不能认识世界”的进一步确认而已。回顾这样的科学发展之路，你难道没有感觉到一点终结的意味吗？**终结了几千年的科学探索是为了迎接更大的科学发展**。

看过了科学，我们来看哲学。二十八岁的维特根斯坦的“语言就是世界”将哲学研究的对象从物质世界、知识和生命等拉到了语言上，语言不再是哲学研究的媒介，而是对象，语言成了哲学研究的重中之重；“对于可说的，我们把它说清楚，对于不可说的，让我们保持沉默！”维特根斯坦的宣言进一步将传统哲学讨论了几千年的内容放入了沉默之中。维特根斯坦用抽象的语言终结了传统哲学，实现了哲学的语言学转向。从这一刻起，分析性成了哲学的鲜明特征，现代逻辑蓬勃发展并在现代哲学里发挥着尤为重要的作用，哲学从来没有这么强烈地与语言纠缠在一起。这既是一种告别，也是一次出行，为全新的哲学发展和社会发展清扫了道路。

最后，再看看艺术吧。**一百年的现代主义要摧毁的就是两个传统：一个是古希腊追求逼真的模仿的传统，一个是在希伯来任何一个符号都要有意义的象征的传统**。对前者的颠覆极致地表现在毕加索的《亚威农少女》这幅画上，妓女的身份，丑陋恐怖的样子以及单一的平面性，都是对“像”的颠覆；达达主义者对“无意义”的歌颂是对“有意义”的颠覆。现代主义想做什么？当现代科技已经有了照相机，“像”已经没有一点问题的时候，艺术再追求“像”就走到了穷途绝路；当艺术已经成为极少数专业受训者的能力与特殊技艺时，艺术的价值就大大降低了，它本该属于所有人，如同说话一样；当艺术一味地在追求所谓的意义的时候，那意义是真实的吗？带着这些问题，现代主义进行了一场浩浩荡荡的实验，为光彩琉璃的美丽新世界扫清了道路。

二十世纪的颠覆性在法国文化大师福柯身上表现得尤为突出，他试图对现代社会引以为荣的科学、制度、文化进行根本的质疑，他想做的是挖掘现代社会的根基，也就是文明的根基，他是时代的先锋战士。**当我们站在这样的历史的高度上看科学、哲学和艺术时，自然会发现科学家、哲学家以及艺术家都在异乎默契地用自己的智慧完成同样的一件事：打破传统的约束，扫清障碍，为新的征程做准备**。果不其然，二十一世纪到来不久，智能手机横空问世，每个人可以随时随地联系和被联系，无人驾驶如火如荼，阿尔法围棋战无不克，各种艺术形式热热闹闹，我们进入到了一个在人类记载的历史里从未有过的新时代。

综上所述，**我们的时代的变革性是两股变化力量的汇合所致：一股是自身从创业到创新、从贫穷落后到民族复兴的变革发展，一股是世界经过几次工业革命和科技革命之后进入了智能化的二十一世纪的更大尺度的发展变革**。打个比方讲，当我们奋起追到前面的时候，没想到迎接我们的竟然是一条发生了变化的全新道路。一方面，我们必须继续追赶，比如说制造出大飞机、航空母舰，其他许多的高端的装备等等；另一方面，我们还得靠自身的勇气、践行和智慧去探寻新的方向，从而走出时代的新节奏。这些都需要我们有着特别的担当和智慧。事实说明，这些年，我们做得很不错。如果不经历几十年的追赶，我们能够捕捉把握今天这个时代的节奏吗？而如果今天我们仍然没有把握到这个时代的节奏，那么未来我们的后人是不是要重新再进行追赶？当这样思考的时候，我们不知不觉地给自己带上了一点崇高感和使命感。我们不会始终纠结在创新的困难上，也不会被动地为创新而创新。对于生存在这样一个时代的国人来讲，思维创新是时代的要求，是一个大写的人的勇于担当的表现。

通过对生活的反思，我们感受到中国社会的变革；通过对两种变化的反思，我们看到了世界的变革。无论如何，我们身处一个变革的时代，这是确信不疑的事实了。**质疑一个命题，首先从质疑它的前提开始。同理，接受一个命题，也要从确认它的前提的真实性开始**。当时代的变革性被确认为真的时候，不论是机遇还是挑战，创新是时代的主题这一点是确信不疑的事实了。认识到这一点，本身就是思维创新的开始。

思维创新的宏观前提：时代的变革性（上）

思维创新的宏观前提：时代的变革性（下）

第3讲

思维创新的意识前提：时间性和空间性

正如黑格尔所言，哲学是需要前提的。“追求真理的勇气，相信精神的力量，乃是哲学研究的第一条件。人应尊敬自己，并应自视能配得上最高尚的东西。”思维创新也是有前提的，是什么呢？前提之一就是：**对社会的发展趋势做出整体性把握**。这就要求我们站在高处看世界，看社会，乃至看人。这一前提本身因为其要求之高而显得有难度。而恰恰是因为其有难度，我们才不得不努力。肯尼迪说，“人类为什么要选择登月，不是因为简单，而是因为它实在是太难了”，一语道出本质。那么，我们如何去实现这个有难度的目标呢？我想通过借助两个大家都非常熟悉的概念“时间性”和“空间性”，帮助大家画一个坐标系或者是建构一个立体的认识。

或许有些同学会说，时间和空间是物理学讨论的对象。不错，时空是物质存在的两个维度，可是，它们也是哲学的核心概念，哲学讨论存在，存在离不开时间和空间。二十世纪有两本描写存在主义的经典之作，分别是海德格尔的《存在与时间》、萨特的《存在与虚无》。如果你们读读康德，就会发现康德把时间性（一个人对昨天、今天、明天的感知）和空间性（一个人对上下左右中和东南西北的感知）作为两大先验认识范畴，尤其是时间性，它是贯穿康德《纯粹理性批判》的一条主线。从这一点也可以清楚地看到，哲学与科学尤其是物理学之间的亲密关系。

首先，我们谈谈“空间性”。空间是横向的，我们可以形象地将空间性表现为一个横坐标或者一个横向的平面。在画的同时，我们需要给出的一个观念是：**看中国必须看世界**。为什么？理由很简单：第一，中国一直是世界的一部分，以前是，以后也是；第二，在移动互联网的时代，世界俨然是一个地球村，随着中国这个古老民族的崛起，中国与世界之间的关联日益紧密，中国对世界的影响日益增强，牵一发而动全身。正如前面我们在分析这个时代的变革性，其不仅有中国自身不同发展阶段的原因，还因为世界进入一个新时代的强大力量，这就是看中国必须看世界的原因。如果仅仅看中国自身，是没有办法理解这个时代深刻而强烈的变革性的。

很少有人会不同意这个观念。因为它是显然的。我们一直都在使用这样的观念并用它来推动认识。记得多次在面试同学的时候问起一个问题：作为一个中国人，如果在中华民族前面加修饰语，你会怎么加？这看起来很简单，其实不简单。它在考查同学们两个方面的能力，一是对自身民族的认识，这是思想层面的问题；二是如何将认识用清晰凝练的语言加以表述，这是语言的问题。待大家都表达过后，我往往会给出自己的一个答案：“伟大而多难的中华民族”，大家一致同意。我的想法得益于书架上的一本书，德国作家托马斯·曼的作品《多难而伟大的十九世纪》，推荐给对十九世纪充满好奇的同学。如果我们同意伟大而多难的中华民族，那么就意味着我们必须也同意如下两个命题：

伟大的中华民族和多难的中华民族。那么请问你为何同意呢？同学们会争先恐后地说："因为中国有四大发明，中国有唐诗宋词，中国有长城、故宫、水墨山水画和丝竹琴瑟……"如果我们同意上述可以作为"中华民族是伟大的"结论的可靠论据的话，我们就不得不承认让这样的论证得以成立的一个隐性的没有说出来但被大家普遍认同的想法，那就是：这些都是中国独有的，是中国与之外的世界比较的结果。继续讨论为何中华民族是多难的？要讲的清楚几百年多灾多难的近代史，更加需要把世界拉进来，如果单纯从自身出发去讨论，是无论如何搞不清楚的。近日看到一位历史系教授的一篇文章《如果不懂世界史就不懂中国史》，深有同感。整个世界的各个部分一直处于纠缠纷争之中，有着撇不开的关系，尽管你可以无视外部世界的存在，但是，当别人找到家门口时，我们常常会因为长期的无视而无力反抗。由此，多年来一直想写几篇文章，与其有着类似的逻辑结构：如果不懂西方哲学，就不懂中国哲学；如果不懂西方艺术，就不会对中国艺术和文化发自内心深处地珍爱与呵护。

由此可见，看中国必须看世界的这个观念，其实一直悄无声息地在我们的认识中发挥着作用，无需再去花费时间论述。到此，我们需要做的是两点：一是将原先对这一观念不自觉的、没有意识的使用变为自觉的、主动的使用，这其实就是**学习的一个作用——从不知不觉到明明白白，甚至先知先觉**；二是提升自己对世界的理解，也就是拥有一个更大的世界。这一点，留到后面一并解决。

接下来，让我们谈谈"时间性"。时间是纵向的，我们可以形象地画一个纵坐标或者是纵向的平面。这样，呈现在我们面前的是一个坐标系或者是三维的立体图形。在社会的时间性上我们要给出的观念是——**看今天必须回头看昨天**。为什么？因为一个人的今天是昨天一步步演化的过程，一个社会的今天是过去长期量变的累积，从来不是一下子的突变，即便像政治革命这样的突变，也有复杂因素的长期潜伏。难道我们就是为了看昨天吗？不是！只有回头看昨天了，才可以明白今天为何如何，同理，可以在从昨天到今天的反思的基础上，面向未来，做好今天。**看昨天是为了明白今天，从而谋划并把握明天**。

相比而言，这个时间性上的观念要比空间性上的观念缺乏很多。从我自身的观察来看，许多人因缺乏这样的观念而无法做到踏实、理性和宽容，不自觉地陷入了不踏实、不乐观、不担当的人生状态之中。看今天必须回头看昨天，这是一个确信无疑的观念，它可以帮助我们更加正确地理解今天的生活和社会。首先，我们看看生活。常常听家长抱怨："父母亲为孩子可以献出一切的爱，可是，这一代孩子不太知道感恩和报答。"马克思主义哲学告诉我们，我们可以将对象一分为二：事实和价值。这就是一个客观的事实。中国的父母可以说是世界上最爱孩子的父母，这与中华文明是以家庭为最小单位有关。与此相对，孩子在对爱的感知和回应上的的确确弱很多。这不仅是个事实，也是一个不让人满意的事实，难怪家长会抱怨。可是为什么会这样呢？是学校教育的责任？难道跟家长自己没有关系吗？让我们回头看看昨天，看看自己吧。

我的孩子小的时候，没有选择去读浙大附属小学，而是依据就近原则就读于小区内的一般小学。为何？因为我始终认为，学习主要靠自己，学校和家庭各占一半。缺乏这样的观念，也是使得学区房暴涨的原因之一。由于在小区读书，就自然可以了解上学放学的情况。每天早上，孩子们在爸爸妈妈或爷爷奶奶的护送下到达校门口，书包很大，的确很大，可是基本都不在孩子的身上；放学了，同样的场景，大人们在门口翘首以盼，孩子一出来，书包又换了人背，好吃好喝地“被伺候”。为何？“书包太重了，孩子背不动。”“学校的饭菜和点心都太差了，孩子吃不下去。”这些每天都在我们的身边重演着。我很想问问家长：你觉得人生很轻松吗？相对于一个书包，哪个更重？家长在外面辛辛苦苦工作一天，孩子在很好的环境里读一天书，谁更辛苦、更需要表扬？我的回答是：人生从来都是一场艰难的旅行，就算到目前为止你还很顺利，但并不意味着明天是一片坦途，我们从来不知道明天会是什么。所以，一个人需要做到的是勇敢地担负起自己的责任和人生，那么，就从背起一个书包开始吧！一个人要能够悦享富贵，也要能够面对贫穷。学校的饭菜虽然不如家里的，为何就只能养尊处优？孩子读好一天的书，家长上好一天的班，每个人都是做了自己该做的事，没有什么需要特别褒奖的。如果我们这样想了，我们就不会替孩子背书包，任由孩子挑三拣四，我们就会更加理性地去爱孩子，我们正在用每一天悄无声息地培养一个不断大写的“人”。**不理性的爱，没有厚度的爱，只能消解人的崇高感，让人趴在地上，无法承受压力和挫折，一切的关爱都会因为过分而变得理所当然，与成为顶天立地的栋梁之材这样的目标渐行渐远**。可是，为什么那么多的中国家长都这样做呢？这与一个人的认识能力有直接的关系。人因什么而为人？人生到底是什么？怎样才能读好书？读好书到底想干什么？对这样的一些问题的不同认识，直接导致了爱的不同方式。最近对一篇文章的标题表示完全同意——**这个世界一直在悄悄地惩罚那些认识能力低的人**。因为缺乏对人和人生的认识，无法理性地去爱自己的孩子，从而使爱变得那么的廉价，最终得不到爱的回馈，以至于当自己年近半百，还要为不能自我担当的孩子买单，这不就是因为认识能力低而付出的代价吗？讲到这里，有些朋友会说："经你这么一说，还真的觉得自己有些爱给的太多，太廉价了。好后悔当初没听您的课。""没事，再生一个。"玩笑一下。"人生处处可以拐弯，你随时可以重新开始。"这不是玩笑。

福柯说："使对死亡的思考产生特殊价值的东西，也不仅仅是死亡先于舆论普遍代表的最不幸的东西，不仅仅是它有助于承认死亡不是一件坏事，而是：**它用提前的方式提供了向自身生活回眸一瞥的可能性**。在把自己看成是死亡起点时，人们可以判断人们正在其自身价值中做出的每一个行为。"非常喜欢向自身生活的"回眸一瞥"。虽然福柯是在人生的终极意义上的"回眸一瞥"，但都有哲学家强调的反思和内省。**对生活和自己的回眸，恰恰是为了明白今天，从而为明天做准备，向着明天迈出坚实的脚步**。

谈了生活，我们再来看看社会现象。前阵子有家媒体约我谈谈文化。对方说："中国的传统文化博大精深、源远流长，相比之下，今天整体不仅缺乏文化自信，文化素养和文化作品都是偏低的偏差的。"我们就从一个文化可以落地的点展开吧，否则太泛太空。我们谈谈美吧，这是每个人身上都有的文化表现。**中国古代创造了一种独特而有高度的审美：初发芙蓉的美丽。就是清水出芙蓉，天然去雕饰**。背后的哲学一个是儒家的过犹不及、恰到好处的中庸之道，另一个是道家删繁就简、追求境界的极简之道。

将这一审美色彩加以表现的有寥寥几笔只有墨色但墨分五彩的山水写意画，有寥寥几句言有余而意无穷的唐诗宋词，有雨后天青色的汝瓷，有线条在空间和黑白之间游走的书法……相比而言，**西方的色彩是众彩镂金，五颜六色，栩栩如生，光彩琉璃**。可以简单地将八大山人的《墨荷》与印象派的莫奈的《睡莲》进行比较，同样是荷花，两种色彩，两个世界；也可以拿倪云林的瘦瘦的树与达·芬奇枝繁叶茂的树做比对，前者突显的是意境，追求的是精神的自由和放任，后者践行的是理性规则，彰显的是科学的求真精神。如今呢，我们在审美上的水平如何？实话实说，比较低，与传统出现了太大的反差。央视炮轰的“娘炮”，娱乐明星呈现出的“今年 20 明年 16，外婆、女儿、外孙女是三姐妹”，千篇一律的大眼睛、高鼻子、小嘴巴还有尖得过分的下巴……这些恰恰违反了适度的恰到好处和尊崇天然的基本原则，还体现出将美完全曲解为年轻的专利品，这样的理解不仅是低下的，更是极为危险和可怕的，因为我们将无法面对青春的流逝和生命的年迈。这就是我们身处的用金钱堆起来的网红脸盛行的时代，原先的初发芙蓉的美丽一落千丈，庸俗不算，还带来了一系列的社会问题。不仅审美出现了巨大反差，在家庭伦理、社会道德等方面亦然。为何呢？回头看看昨天就明白了，就不只是生气了，会多一分宽容和理解，当然还有信心和担当。

一边回头看，一边问大家两个问题：第一，原先拥有的高度的文化艺术和道德，今天延续保存下来了吗？没有！因为**我们经历了一次断崖式的割裂**，这是与欧洲完全不同的。近代史让我们对自己民族所有的一切产生怀疑，进而如同鲁迅所言“倒洗澡水连同孩子一起倒掉”，我们毫不留情地丢弃了自己的文化。虽然我们的经络断了，但是深根还在。当我们聆听欧美的音乐和日本的音乐的时候，日本的音乐会更动人心弦；当我们看日本的动漫的时候，无论语言还是画面都更加让人感动；当我们去日本的餐厅就餐时，餐具朴素雅致，餐厅简洁大方，墙角常常出现一只粗陶罐里面插着一枝花甚至一根枯树枝。面对这一切，中国人都会有亲近感，因为**日本的文化在中国初发芙蓉的基础上增加了它地缘性的悲剧感，那种生命随时可能凋零的沧桑感，那种一夜遍开一阵雨便落花满地的樱花感**。这一切理性的认识告诉我们，只要给我们时间，深埋在地底下的根须终会发芽，一定会有枝繁叶茂的一天。

第二，当一个民族的文化被抛弃了，心灵和精神被空置了，填充进来的是什么？二十世纪的后半叶，伴随着科学知识和物质一起涌进来的还有文化艺术包括观念：肯德基、必胜客、好莱坞、LV……**在不信任自我、一切向钱看、西方的月亮比东方圆的发展阶段，西方的文化和观念如洪水猛兽般充斥了社会的每个角落和每个心灵**。可是，我们真的理解吗？真的适合吗？真的理性吗？有什么理由可以让孩子觉得到肯德基过生日是一件幸福而荣耀的事，然而包子就只是最随意的路边早餐？同样，必胜客凭什么和大饼拉开那么大的价格差距却门庭若市？这两对事物如果仅仅从材料成本上讲，远远没有那么大的落差，发挥作用的是对西方毫无抗拒和分辨的崇拜。把这份非理性的崇拜推波助澜到极致的就是：多少国人以一身全世界都知晓的奢侈品作为荣耀的象征，多少国人愿意花费高昂的价格追求奢侈品而将其直接对应为生活的品质。相反，你在法国、意大利，却鲜见这样的奢侈品的滥用和泛滥。这里面部分原因就是缺少对西方社会和文化的认识。

可是，一方水土养一方人，天天汉堡终究不适应，根源上讲，我们还是中国人。

现在我们可以总结了，当前社会出现的许多现象和问题都与这两次回头看相关：**一回头，传统的根断了，原来有的，已然不在，需要很长的时间修复；二回头，加进来的终究不是自己的，不理解，水土不服。一方面惨烈地断了，另一方面粗暴地填充，终究还是空乏的精神，空洞的心灵**。相比于几十年高速的经济发展，精神世界的空虚使得社会以及构成的人失去了平衡，失衡的结果就是病了，病态重生。这是曾经经历的历史在今天留下的印记，社会要为自己曾经的错误付出代价，人也一样。看今天必须回头看昨天——理性的“回眸一瞥”。

至此，我们已经画好了一个坐标系，或者说呈现了一个三维的立体结构。可是，如何让自己可以超越时间去对昨天进行更深的回望？如何超越空间去对世界进行更远的探索？有一个必不可少的方法：**两个字“读书”，三个字“读好书”，一句话就是“静下心来用一生读好书”**。我们不是不需要实践，而是没有在读书的基础上开展提升认识能力的实践，只能是一次次的重复的徒劳。“书中自有黄金屋，书中自有颜如玉。”书里呈现的就是精彩的过去和纷纭的世界。今天在读书上也存在着两个乱象：中国的孩子是世界上读书最努力的孩子，而中国的家长却是世界上读书比较少的家长；在工作之前努力读书，工作以后有些人就再也不拿一本书了。产生这两个现象的原因还是社会，社会在我们身上刻下的是现实主义和功利主义。读书是为了找个工作，读书是为了考大学，读书是为了解决一个实际问题，凡此想法并没有错，但不够完善，他们没有把握住读书的一个更为本质的意义：一方面，**用坚**

韧有弹性的内心面对人生中不可预测的困难和挫折，抗拒“生命中不可承受之重”；另一方面，**用丰富有厚度的心灵享有并珍惜人生中一切的美好，抵御“生命中不可承受之轻”**。两方面统一起来就是：读书是为了让人更幸福和坚实，读书是为了人生更美好和坦然。**读书是为了淬炼“让自己幸福”的能力**。这个能力太重要了。我们有许多的问题都是因为这两对矛盾招致的，我常常说的“如果家长多读一本书，孩子就可以少上一个培训班”，也是立足于此现象的。

最后，分享一篇我用文字和音频形式发表在“喜马拉雅”“量见”等多个移动互联平台的文章《上帝、人、流氓——变革时代中的读书》。

“从前精神就是上帝，后来精神变成了人，现在甚至变成了流氓。”

这是尼采在他的《查拉图斯特拉如是说》里说的一句耐人寻味的话。对此，我并不想发表什么哲学见解，仅仅借此话一用，表达一下自己关于阅读的想法，倒也不错。我们总说要去读书，那么，读什么书？在我看来，无外乎三种：上帝、人、流氓。

有一些书是这样的：深刻而富有营养，往往有着或上帝或圣人色彩的那种极大的道德感、抽象感和崇高感。例如《论语》《庄子》《理想国》便是这样的一些书，当然，也包括一些优秀的宗教典籍。它们必定是经典，也必定枯涩难懂，尽管广为人知，但能深入阅读者少；诚然，这也是一些不可不读之书。正如“一本为所有人而又不为任何人的书”，就是尼采为自己的《查拉图斯特拉如是说》所设的副标题。一方面，它既是写给全人类的，所以，“……将像《圣经》一样被阅读”。但另一方面，如周国平所说：“尼采是为精神上高贵的人写作的，不是为社会小人物写作的。”不过，我们的阅读体验，也不会只是局限于此，不然，未免有点独居象牙高塔独赏阳春白雪的寡趣与清高了。

鲁迅先生曾号召革命的文艺家走出象牙之塔，到社会中去，到旋涡的中心里去。文章毕竟是写人的，不是画鬼描神的；人，才是文章的中心。所以，写人的书，则受众面必然广得多。文章可不只是“仁义礼智信、温良恭俭让”，描绘出社会万象和百味人生，本来就是文化艺术的重要任务。《诗经》《红楼梦》《史记》《战争与和平》还有唐诗宋词，用严谨的语言和严肃的态度描写情感，反映社会和刻画人性。这类书因其深刻的思想和真实的内容而被大众广泛地阅读。

而最后那种被我称为“流氓”的文学，却是最讨喜的一类。自古以来，大多数文人都有点狡黠矜持和清高，但又往往避免不了正襟危坐下时不时的不安分，这时候，读上一本恰到好处的书，撩拨一下他们微微发痒的心，便正中下怀。像拜伦说的“谁写文章不是为了讨女人欢心”，虽然有些偏激，倒也不无道理。文学史里流传最多的便是那些儿女情长，像那“乐而不淫、哀而不伤”的诗三百，在田间路口用白话一说，不是花痴便是流氓，而被文人一化，便又是一种境界——思无邪？更有一些书，写社会不容之事，言现世不允之言，依旧流传为经典。在那古谚里说的少不读的《水浒》、老不读的《三国》里，落草为寇、钩心斗角的故事，也让平日一副温文尔雅形态的文人骚客，在精神的世界里，一抒戾气，天马行空。当然，我上边所言的“流氓”之语，不过是些戏谑之话、娱乐之言罢了，希望不要过多苛责。

总而言之，读书是一件很美妙的事情，切忌受到条条框框的约束。不管你以什么方式读书，读你喜欢的书，并或能有所得、有所思，或能心生愉悦，或能怡情放松，便是值得肯定的。

日本茶道的鼻祖武野绍鸥说："放茶具的手，要有和爱人分离的心情。"每次阅读后放下书本的我，也常常有此心情。

分享了一篇我多年以前为一本读书的杂志写的卷首语之后，我想继续谈一谈对读书的想法。

首先，**我们必须让自己能够有勇气去啃那些难懂的书**。也就是说，晦涩难懂的书是一定要读的，越读越有味道，越读越有意义。时间很有限，我们不要把时间浪费在那些层次不高的通俗读物和畅销书上。为什么它们没有太大的意义呢？因为它们讲的东西无非都是我们明白的。我们有两种明白，一种明白，是我们自己清楚地知道的明白，另一种明白是在我们的心里存在着，但没有清楚地把它说出来的明白。某些畅销书无非就是说的这两种明白，有的一看就知道，还有一种是一边看一边觉得："唉！真是这样。"其实，它并没有深入到社会、心灵、人、家庭的深刻本质，比如说，当我们读到"财散则人聚，财聚则人散"这句话时，很多企业家都给予了很高的褒奖，而我觉得难道这都不懂吗？在日常的生活交往和企业管理当中，我们难道不知道财和人之间的博弈吗？我们不理解这句话吗？畅销书就是在讲诸如此类浅显易懂的大白话而已，根本就没有解决深层的复杂的问题。难是难在如何在财和人、聚与散这两组概念之间智慧地找到平衡点。所以，我一直建议作为一个社会的实践者，比如说企业家或者政府的管理者，从社会实践的过程里已经汲取了足够的营养，而如果还需要营养的话，从来就不是再从这里获得，而是要另辟蹊径，从专业的、理论的、晦涩的、难懂的那些书籍里去获得。它为什么晦涩，为什么难懂，因为它说的不是普通的大白话，是在这些大白话之后的那些话语。有些话语，也许我们从大白话的浅层面去理解是对的，但是到了再高一个层面，它们之间可能是存在冲突的，正是因为存在这些观念之间的冲突，才使得这些观念在现实的落地当中存在着种种的障碍。因此，我总是建议：时间有限，静下心来，用敬畏之心，多读一点难懂的书，因为它难懂，所以会让你懂得更多；因为你的头脑里原来没有这个东西，所以你会觉得它晦涩难懂。而反之，恰恰是因为它的难懂和晦涩，会让你的头脑里增加新的知识和新的观念。

其次，**文史哲是一家，应该有所侧重、有所联系地一起阅读**。我很欣赏龙应台写过的一篇文章《文学是什么》。她提到文学是让看不见的东西被看见，是让更接近生活本质的一种现实被看见，是更贴近生存本质的一种显示，我非常同意。正是因为《红楼梦》，让我们得以更深入地了解中国长期的封建专制社会里的人际关系、复杂的伦理和虚假的道德以及如此细腻的中国特色的情感世界；我们也可以通过陀思妥耶夫斯基的作品看见当上帝信仰已经不复存在又希望可以继续维持的那种深重的痛苦与矛盾。在文学当中可以被看见，同时也很好地看见了作者自己，那么哲学是干什么呢？哲学是迷惘中望见的星空。如果说文学可以使我们看见水里白杨树的倒影，那么哲学使我们能借着星光的照亮摸索着走出迷宫，因为每个人的人生处境里，都充满了彷徨迷茫，不知道去处，也不知道来源，这个时候哲学就会产生，它会让我们去好奇，去探索，它给我们带来一些普遍性的规律和规则；还有史学，历史对于价值的判断的影响是非常清楚的。基于对过去的了解才能够更好地预测未来，我觉得这些都是很容易理解的，所以，我认为文史哲应该合在一起去读，让自己既具有文学的感性，又具有哲学的理性思辨，同时还有史学的一种客观和使命感，这对于一个人的知识结构来讲比较健全。如果有一个人把文史哲都打通了，那么，在他的脸上看见的不会只是痛苦，他会用比较坦然、比较宽容的状态去面对现实生活当中所遭遇到的不幸和困难，会呈现出更多的美好。

再次，我们要想更清楚地认识今天的中国，包括我自己，我们不仅需要读当下的一些具有实效性的文章，这是一个很好的途径，同时还**特别需要去读二十世纪的书，尤其是一百年以前的书，因为一百年以前的许多学者所做的思考恰恰是今天的中国人需要去面对的**。我们虽然一方面赶上了这个时代的节拍，但另一方面我们还在补课，而我们首先是把科学技术的课补上了一些，但是，人文社会科学、心灵、情感、道德伦理这些方面的课什么时候来得及补？因此，要了解今天的中国，了解今天的中国人，并且更好地对今天的社会进行治理和管理的话，我觉得就应该去读二十世纪的书。比如韦伯，二十世纪影响最大的思想家之一，他说："当科学与理性祛除了魅力，也就是人们不再相信鬼魂，不再相信上帝的时候，一个多元化的世界就到了。"他给了一个名词叫作祛魅(disenchantment)。多元化的社会，今天的中国是不是呈现了这一点？1920年美国哲学家杜威的《哲学的改造》诞生，一本小册子，他思考的是：在科学精神和人文精神这双重概念之下，我们的教育需要塑造的是一种怎样的人，如果只有科学精神而缺乏人文精神，那么很容易走向金钱至上、盲目崇拜的道路，物质水平很高，但是心灵却是空虚的。如果我们一味地增强人文精神而忽略科学精神本身，那么当社会面临强权时，便会无力抗拒，无力保护自己的尊严。所以杜威的想法是科学精神和人文精神之间的折中。我觉得这些观点在今天对我们的社会来讲是很有意义的。所以我最后一点建议就是要去读二十世纪的书，如果有时间可以更多地去读更早的书，如果我们去读了卢梭的《论人类不平等之根源》，我们就可以理解今天的中国，人和人的差距是真的越来越大了，还是越来越小了？随着科学技术不断的推进，人和人之间形成的是更大的差距还是更多的融合？这些问题于我们都是有百益而无一害的。

以上是我随便提的有关读书的三点想法。最后，我还想给家长们一个建议，关于如何帮助孩子们去养成读书的习惯。有一点是非常重要的，就是：**不要让孩子功利地去读书**。如果一个孩子去读文学作品是为了提高语文的成绩，去背一些唐诗宋词是为了以后可以在别人面前炫耀、给父母面子，如果去读诺贝尔文学奖的作品，是为了在与朋友们交流的时候可以炫技，那我觉得这些都偏离了读书的本质，偏离了读书的本质就不能真正地养成读书的习惯；孩子们没有功利性地去读自己喜欢的书，因为喜欢就一定触发心灵成长，带着这种喜欢去读，一个孩子终究会喜欢上越来越多好的书，心灵沐浴在好的书籍的阳光下自然也健康地快速成长。

儿子高二时有一次放暑假回家，在路上他就跟我进行了 QQ 聊天，说今天晚上要占用我一点时间，想跟我说说话，我说我很高兴啊，随时可以。他回到家里，已经晚上 7 点多，我说："我们去旁边吃一顿饭，一边吃饭一边聊吧。"儿子对我讲："妈妈，其实我对吃无所谓了，我是想跟你聊聊，我们吃得简单一点吧。"我们匆匆忙忙地吃了一顿饭，在去吃饭的路上，他就已经迫不及待地跟我聊起天来，而这个聊天让我觉得如此的喜悦。一种喜悦是：他聊的全是我喜欢的哲学和文学。另一种喜悦是：他的确是我的孩子，是我潜移默化影响下的孩子。他跟我聊到了文学创作的动力问题，文学创作的一些技巧问题，比如说作家在写一个作品的时候动机到底是什么？作家在写一个作品的时候里面有没有自己？如果没有自己，他怎么可能把一个作品写出来；如果明确地表现了自己，那么这个作品的意义是不是要打折。这是文艺理论的问题，这是一个已经超越了一般的对文学故事情节理解的理论话题。我回答："作家也分成三种吧！**差的作家暴露自己的愚昧，好的作家使你看见愚昧，伟大的作家使你看见愚昧的同时，反思自身认出自己的原型而涌出最深刻的同情与爱**。这是三个不同的层次。"他还跟我提到了尼采的疯狂，提到了"存在先于本质"……简直滔滔不绝，我成了答疑的百科全书，我感觉这些问题将伴随整个暑假。

所以，我觉得父母亲不带着功利的目的，让孩子多读一点书，其实是给了他一生有益的营养，因为在这样一个千变万化的时代，我们的确不能保证孩子做什么工作一定可以一生都有用，但是如果我给了他一个丰富的心灵和坚强乐观的人格，就可以让他一生过得不是那么的无聊和脆弱，或许在人工智能替代了计算，替代了许多技术和规则的前提下，这种丰富和坚强恰恰是最肥沃的土壤、最宝贵的玫瑰园。

特别喜欢林海音的那句话：**"记住，你是吃饭长大，读书长大，也是在爱里长大的！"**读书理应通达更深层的爱，包括对爱的表达与理解。

思维创新的意识前提：空间性

思维创新的意识前提：时间性（上）

思维创新的意识前提：时间性（下）

思维创新的意识前提：变革时代中的读书（上）

思维创新的意识前提：变革时代中的读书（下）

第4讲

思维创新的实践前提：三点一面

如果说，对社会发展趋势的研判是思维创新意识层面的前提的话，**走在时代的节奏里就是实现思维创新的实践前提**。换言之，如果一个人在行为上已经落伍于一个时代，他有可能做出这个时代需要的创新实践吗？比较难。

作为一个讲授思维创新多年的老师，我一直努力让自己既保持着独立的思考，又走在时代的节奏里。用书本上获得的认识去观察生活世界，反之，生活的实践又给我们的思考提供了确切的问题和准确的方向。让自己在“看世界”和“做世界”之间行走着，在“读哲学”与“做哲学”之间互动着，为此，我自豪而享受。当在美国遇见 iPhone 一代的时候，我就深深地爱上了它，从此就开始了探究分析手机的历程；微信出现不久，就成了我表达自己，传播知识并记录生活点滴的新平台，当然我也预感到了人与人之间交往上潜伏的问题；小区外出现了第一批五颜六色的自行车时，我想，“共享单车终于来了”；当在早餐店墙上看见二维码的那一刻，我预感到的是移动支付的彻底到来……成为行动上的创新主体是很难的，不外乎从三个方面去努力，也就是三点才能构成一个时代的面。

第一个点就是科技，完整表述就是：**用理性去观察和分析科技所带来的生活世界的改变**。这里隐藏着几个必须解决的问题：

首先，为何要那么在意科技带来的生活世界的改变？一方面是因为，对科技自身的考察专业性比较强和难度比较大，也不见得对所有人都是必需的；另一方面，科技异乎强大地改造着世界。那么到底是为什么呢？纵观二十世纪后半叶科技革命的一次次到来，之前几百年在世界的舞台上大显身手的是一次次的工业革命，再之前，科学与技术是不同的发展脉络。科学与技术原本就有着复杂的关系，科学来源于纯粹探索的无用之大用，技术则产生于实际的生活实践，是解决具体问题的有用之用，但是，终有一天，这两条不同的河流会汇聚在一起，那时候，改造世界的能力也就无比强大了。正是因为科技强大的能量越来越强烈而深远地改变着生活，所以，身处生活世界的每一个现代人，需要去关注这种改变，进而了解科技的目的、趋势和价值。

其次，用什么谈论科技呢？理性！需要对科技做出客观的理性认知。这其实是有难度的，尤其是对于过去以及今天的上了一定年纪的国人，它与科学知识的普及程度和科学素养的高低有着直接的关系，因此，对于年轻人来讲似乎没有大问题。常常听到如下的话语："杭州到上海现在只要 50 分钟，足够快了，不要再快了。""你拿手机付钱，我觉得还是口袋里装点钱付钱更方便，手机支付真的没必要。"这样的话语有正确的一面。对于个人来讲，从杭州到上海 50 分钟的车程我也觉得够快了，但是对于有些人来讲或许 2 小时也已经够快了；手机支付有手机支付的方便，现金支付有现金支付的方便，同样，也各有各的不方便。这点意见分歧没有任何问题，因为它们来源于人与人之间不同的偏好。但是，速度不会因为你觉得够快了就终止，手机需要解决的问题难道就仅仅是支付和方便？当然不是。我们可以做一番论证。如果你觉得50分钟够快了就可以停止加速，那么同理，之前2小时、3小时甚至任何一个时间都会有人觉得够快了，速度为何没有停止而是一直加快直至目前的50分钟？**你的偏好决定不了科技的速度**。同样，当我们自豪地说出“出门在外别的什么都不用带，只要带手机就可以了”这句话时，我们是否意识到被取而代之的是曾经那样的语言：“出门在外别的什么都不用带，只要带卡就可以了。”再之前是经济快速发展时激动人心的大白话：“出门在外别的什么都不用带，只要带钱就可以了。”维特根斯坦说，**“语言就是世界”，语言就是客观世界的一系列事实**。我们的社会在短短几十年经历了三个系列的事实的更替，这三句话就是窗口。当我们在说第一句话的时候，有意识到它会不合时宜而被替换吗？一张张不同的银行卡快速地绑架了我们！当我们笃定地认为卡可以有足够的容量存储现金的时候，我们担心过卡成为过去吗？手机支付以“一夜春风梨花开”的速度覆盖了大江南北。那么，试问一下，我们有任何理由认为“只要有手机就可以了”这句话会比前面两句话更能长期存在而不被改变吗？没有！正如同，当我们浏览科学的历史，在爱因斯坦面前致以崇高的敬意时，我们清楚地明白，他的理论不会因为他的伟大而止步不前，正如当英国的诗人蒲柏用无与伦比的诗歌“世界和世界的规律隐藏在黑暗中，上帝说：让牛顿去吧！从此，世界一片光明”赞美牛顿的时候，牛顿之后将物理学的火炬高举的是爱因斯坦。由此，爱因斯坦也只是科学发展中的一颗熠熠生光的钻石。从现金到卡，再到移动支付，这都只是过程，终点还在探索中，但是，当我们率先喊出“出门在外别的什么都不用带，只要带手机就可以了”的时候，我们离下一个节点就近了。那是什么呢？

记得好多年以前，在一次高端论坛下课休息的时候，有一位企业家走到讲台上跟我聊天：“我一直听别人说哲学是‘高大上’的，今天我领教了，我想请问老师，你可不可以告诉我一个方向，面向未来的方向。”我被他称赞得很开心，如果哲学都不再是“高大上”，那还有“高大上”的吗？一个社会不需要“高大上”的，那这个社会还有意思吗？我脱口而出：**“如果你能够证明你是你自己，你不是我，这就是未来！”**这样的话在当时实在不太听得懂，你本来就是你，你当然不是我，这是废话，何须证明？如何证明？现在听到这句话就不费解了，不就是指纹识别、脸谱识别、语音识别，还有其他各种识别吗？而这些识别都需要依赖高端的科学技术，现代的科技为更好地证明自己与别人不一样做好了准备，这就是未来。当我们问道“我是谁？”这样的问题时，就隐藏着对人自身的密码的解密。人与人是有差异的，除了精神和心灵的差异还有物质自身的差异，这为现代科学的发展埋下了伏笔，留下了一个很大的余地。郑人买履的故事是否隐含着对之后长久的社会文明的反讽呢？人们对身份证、户口本、结婚证等一系列外在的人为的符号的信任，远远超过对自身的信任，这样的笑话里显透出科学在自身解密上的不足和想要实现突破的迫切性。正是基于上述的想法，那天我鬼使神差地说出了那么哲学的一句话：如果你能够证明你是你自己，你不是我，这就是未来。手机支付的下一站就是：出门在外，你什么都不用带了。你可以说带手表，不可以说带手；你可以说带眼镜，不能说带眼睛。指纹、瞳孔、声音、脸谱等等可以让你畅通无阻。如果有一天，我们率先说出了这句话，那么，我们就拥有了一堆这样的高科技，也就意味着把握了时代的新节奏。

推荐一本书，1962 年出版的美国科学哲学家库恩的《科学革命的结构》，此书被誉为二十世纪最畅销的书之一，哲学书获此殊荣不容易。书中首次提出了两个全新的概念——范式、科学革命，预示着科学要像政治革命一样排山倒海地改变世界。没过几年，1969 年人类历史上的第一场科学革命就来了：以网络为基础的信息科学，前所未有地对人类产生了深远的影响；接下来，以纳米为基础的材料科学，在今天人类的上天入地下海、风驰电掣上面，哪一个没有做出贡献？以基因为主体的生命科学，除让基因家喻户晓之外，更预示着二十一世纪的科学一定不会满足于只讨论外部世界，科学在原先探索物质世界的道路上分出了岔道，"自己"乃至最玄妙的"意识""精神""心灵"成了当代科学要攻克的坚硬堡垒，认知科学将备受瞩目。如果具备了这样一些对科学技术的理解，当你的手上出现一台智能手机时，你就不会以一句"我只是拿来打打电话、发发短信，我不需要它"就轻描淡写地拒绝它，而是抓住先机了解它，与它打交道。

黑格尔说："凡是合乎理性的都是现实的，凡是现实的都是合乎理性的。"凡是合乎社会自然发展规律的都一定会发生，无法阻挡。火山要爆发，终究会爆发。人生下来就注定倒计时，无法改变。**面对客观的必然性，我们需要的是理性地直面，而不是情绪化地忽略或逃离，忽略的结果是不适和尴尬，逃离的结果是远离一个时代**。黑格尔又说："人类文明是一场冒险旅行。"这是一种哲学家的无奈和坚决。我们必须向前，没有退路，就算前面是悬崖绝壁，否则，我们输掉的不仅是时代，更是尊严和生存的能力。

当人类开始对世界充满了好奇而问出“世界是什么”的时候，就注定会发展出知识科学和理性，科学之流一旦奔涌，便一往无前不会回头，直到无法前行。谁都知道，科学是一把双刃剑，不光科学，凡事都有正反两个方面的存在。因此，理性地对待科学的态度是：我们首先需要看到并承认这样的必然性，然后才能对其可能产生的问题和隐患做出准备和防御。

第二个点是社会。完整的表达是：**用理性去观察和分析由人构成的社会的复杂性、变化性和丰富性**。今天的中国发生了翻天覆地的变化，人的生活条件越来越好了，但幸福感是不是越来越多了？笑容是不是越来越灿烂了？好像一个房子问题就可以把幸福压缩得所剩无几，好像随着爱情的远离幸福也变得遥不可及。教育让我们脑子里装了很多知识，知识就是力量，可是，为何存在感却是那么的不真切？否则，就不会有网上热议的“‘时保联’是不是情感的暴政”这样的话题；人和人之间的关系，到底是越来越近了还是越来越远了？**我从来没有认为“地球村”是一个恰当的表达，也许从空间的距离上来讲，地球真的成了村子，但是从情感上来讲，地球真的成了村子吗？**地球村从物理学的意义上理解是正确的，但如果从社会学的角度去分析，恰恰相反。**“世界上最远的距离，是我深情地看着你，你却专注地看着手机”**，这是我这几年常常说的话。但是尽管科学让人与自然的距离缩短了，但是人与人的距离扩大了。人宁可把时间花在虚拟的世界里，也不愿亲近近在眼前的朋友和亲人。这就是社会，复杂变化的社会，深如大海的社会。

科技与社会处于复杂的关联中，彼此互相影响，有正向的推动，也有反向的拉扯。因此，今天去谈创新，或者说创作一部优秀的作品，创建一家伟大的公司，对科技与社会之间的关联性给予充分的提前感知是必不可少的。可以说解决一系列社会问题的过程就是思维创新的过程。关于这一点，我们看几个产品吧。

喜马拉雅是目前听书平台的代表。它为何会出现？为何受大家欢迎？是因为科技吗？不是。科技只是简单地被借助而已，真正存在的理由是：学习已经不再仅仅属于中小学时期，学习也不仅仅只是常规意义上的专业知识的学习，在快速发展的时代，学习是终身的伴侣，学习是让生活更美好，让自身更充实的重要手段；同理，老师也不再是一个地域性很强的职业，只要有实力，每个人都可以当老师。这样的社会需求正好与移动互联无缝对接，不仅可以随时随地听，还需要一边做事一边听，于是产生了一系列的新型教育平台，喜马拉雅只是一个先行者和坚守者。

为何会出现知乎？你用知乎吗？如果你不用知乎，你可能是一个中年以上的人。孩子们很多在用知乎。中国在过去的几十年经历了三个阶段的快速发展。首先是生存期，吃饱是主题，填饱肚子是最主要的问题。遗留至今的痕迹就是老一代不论时间的问候："你吃了吗？"吃饭是一天好心情的基础，吃饭是头等人生大事。接着，改革开放，一切向钱看，经济快速发展，从生存期跃入了生活的时代。吃饱被吃好所取代，肚子被嘴巴所取代。吃得好不好，成了生活幸福与否的重要标准；华灯初上，大江南北，家家户户，一片吃声，吃出了舌尖上的中国。再接着，中国经济一路凯歌，人们生活水平不断提高，人们开始讨论起了"你幸福吗？"这样的话题；夜幕降临，广场舞轰轰烈烈，走路群你追我赶，这些都形象地说明，我们正诠释着第三个阶段：追求美好生活的时代。"美好"和"幸福"，都不是物质性的概念，具有很强的精神性。**从**

吃饱到吃好，再到追求美好生活，我们的社会呈现出从物质需求上升到精神需求的发展趋势，这是社会进步的真实写照。但是，当生物的问题被人的问题替代的时候，复杂性也就无法回避。有人可能会说："我觉得少想一点比较幸福。"关于这样的观点，我始终表达两点：第一，少想的确可以是一种幸福。但是，如果一个人经历了从少想的幸福到多想的幸福，他一般不会再回去，也回不去，只不过偶尔自娱自乐地追忆一番。第二，今天的孩子一生下来就看到了那么大的世界，接受了那么多的知识，他们无法少想，他们只会想得更多更早。今天的社会和今天的人，问题都特别多，有了问题就得去解决，除此没有出路，可是，孩子的问题常常是自己的父母爷爷奶奶们没有怎么想过的，怎么办？搭上移动互联网的快车，知乎出现了，让问者问问题，让答者答问题，自由轻松地交流。

为何会出现抖音？因为吃饭不是问题了，每个人都想快乐一点就成了需求，智能手机为每个人的快乐和被快乐提供了科技的可能，大众娱乐有着巨大的市场。2018 年 5 月，浙江大学的品牌活动"求是杯"辩论赛的决赛题目就是：短视频的火爆是文化丰富的表现/短视频的火爆是文化匮乏的表现。身为总点评的我在辩论结束之后问大家："你们选择哪一个立场呢？"几乎所有的浙大学生都选择了"短视频的火爆是文化匮乏的表现"。他们道出了很好的理由：短视频的出现和火爆本身是大众娱乐和移动互联网结合的产物，社会需求和科技条件共同促成了它。但是，今天短视频上播放的内容，人们看短视频的心态，都无一不呈现出我们今天社会的文化的匮乏：内容的庸俗化和物质化，方式的单一和雷同，纯粹一笑了之的娱乐至死的媚俗心态。所以，刷刷短视频，不如好好地看一篇文章，打一场球。青春不可以这样被娱乐掉，就这样刷掉了青春，太可惜。这就是浙大的孩子，一群优秀的年轻人。由此，我即兴地做了一番演讲，主题是：校园外和校园内。“曾经很长一段时间，校园内外的声音是比较一致的，差别仅仅在于程度，物质主义、功利主义和实用主义备受瞩目；可是，如今一年一年过去，我越来越感觉到了内外的不一致。当外面的年轻人疯狂追剧，消遣地刷抖音，整成网红脸，比拼吃吃喝喝，让青春流逝的时候，校园里的孩子却在异常努力地看书做题，谈理想找目标，历练自己的身心，你们正在用实际的行为表达对伟大民族复兴的期盼、信念和担当。”显然，我们的社会在经历了几十年的快速发展后已经到了一个不得不停下来整理队伍的时候。物以类聚，人以群分，大家找到了各自的朋友，形成圈层，分化的趋势日益明显。想起来日前自己微信上的一点小感悟：认知能力高的爱学习，越学越高；认知能力低的爱追剧，越追越低；富裕的在奋斗创业，越创越富；贫穷的在靠老啃老，越啃越穷。对于这个社会的两极发展，我们应如何以待？

社会的复杂性从来不会低于物质世界。常常会有一种误解，认为谈科技需要门槛，不懂不可以胡说八道，把它交给科学家和专业人士，而社会谁都可以谈，没有对错。真的是这样吗？如果我们对待社会没有一点哲学的宽广度和历史的纵深度，谈得好吗？不会犯曲解和误解的错误吗？那种**因为无知而导致的滥说乱说的“无知之耻”**不是在我们身边常常出现吗？它们极大地影响了人们，尤其是年轻人对时代的客观认知，也由此影响到了人自身的存在状态。所以，无论是对科技还是对社会，都需要我们不断提升自我的认识能力。这个世界总是在偷偷地惩罚认识能力低的人，褒奖认识能力高的人。

对科技与社会的考察，最终都需要回到自身，最后一个点就是：我自己。我自己才是最重要的。我该树立一个怎样的自己去实现思维的创新呢？那就是——**主体性的人生观**。主体和主体性相关却不尽相同。人因其对世界的认识而成为唯一的主体，而成为主体的原因是人有自由意志和自我意识，会在理由的驱使下做出自己的选择并担负选择。事实上，有不少人失去了这样的意识和能力，主体性正在丢失之中。**如果一个人可以始终坚持主体性人生观的话，就会为自己负责，为自己的人生有所担负，为自己的选择有所承诺**；就会客观理性地面对自己，发现自己的潜能进而才能不断激发潜能，提升自己；就会直面困难，勇于奋进，执着探索。从这个意义上讲，主体性人生观与我们常常说的主观能动性、积极性、自发性都是密不可分的。

具体讲起来就是，当面对一个陌生的新事物，比如一款导航软件、一台扫地机、一台智能手机的时候，你是如何反应的？我到斯坦福的第一天晚上就遇见了它——触摸屏手机，看起来好复杂，怎么办？当我丝毫没有犹豫地打开电脑了解，看见美国的媒体用这样的语言评价它的时候——这是一台上帝的手机，于我而言，足够了。上帝在西方世界里具有崇高的、不可或缺的地位，就像空气一样。由此，我放平了心态，用一颗敬畏之心慢慢地探索了好几个小时。等我基本搞明白的时候，心生愉悦，是因为靠自己在异国他乡搞定了第一个陌生事物？更多的是对一个由来已久的问题获得了确定的答案而兴奋：二十一世纪的科技革命从哪里开始啊？就从手上开始，从手机开始。

回国后，我总是说着这样的话："你一定要换手机，因为你没有选择。"所以，我们需要选择的是现在换还是以后换。先换和后换，没有对错，无关道德，但却代表了两种不同的人生态度：先换代表的是主动迎接变化，后换代表的是被动接受。**去变化和被变化是完全不同的两种状态**，今天我们讨论的是如何让自己追求一点思维的创新，那么，主动地去迎接时代的变化是顺理成章的选择。为何那么多的人迟迟不愿意换，是真的不需要吗？想必有一个共同的原因：学会一个新工具，需要花费很多的精力，动许多的脑子，但是很多人已经长久不动脑子了。"最好是不需要动脑筋就会。""自己琢磨，自学，怎么可能？"就是因为懒得动脑子，脑子就越来越慢了，终究会使自己落后了而不是进步了。

过了没几年，所有人都换上了智能手机，眼前出现的场景是大家都成了低头族。于是，课堂上我又说了这样的一句话："世界上最远的距离，是我深情地看着你，你却专注地看着手机。"此时的含义是：当你把自己零零碎碎的时间都以"没有事情随便看看"的名义送给手机时，你渐渐地失去了主人的地位，交出了主权，沦为了奴隶和工具，因为你会无时无刻地惦记着它，即便没有特别的用途。本质上讲，沉迷与前者的抗拒是一回事，都是失去主体性的表现。专注力正随着现代科技对人的渗透受到了越来越严峻的挑战。没有专注力，即便聪明绝顶又能如何？

正是因为我这么多年对手机给予了无与伦比的关注，还因为，看起来前后不一致的两段话，让不少朋友如此笑话我：是不是那个老师，开始不停地让我们换手机，后来让我们少用手机，自己的名字也是手机，可是从来不讲自己名字的手机。我的名字与金立手机同名纯属巧合，讲它没有太多意义。让大家换手机和提醒少用手机，看起来截然不同，可是放置到一前一后的时代环境里去看，其实是一样的，都是在强调主体的意识，当新的事物出现的时候，一个人需要有理智地去尝试，与新事物打交道，这样的努力和付出换来的是自己的进步和成长。当大家都痴迷于手机的时候，一个理智的人应该认识到要与它保持合理的距离，否则浪费了时间不算，还会掏空自己的心灵。这样的理智，是与惯性、惰性、依赖和坐享其成相悖的，是促进自身发展的，也就是促进主体性的培养。的确，科技是人类进步的结果，给我们带来无穷的方便。但是，科技也使得人们不知不觉地成了它的奴隶。我们该怎么办呢？关于这一点，黑格尔说得好！“如何解决‘主奴之争’？主奴或者说主客体的对立必然会发展到这样一种过程：这种张力（对立）状态走向自身，同时又与自身相矛盾，最后在融合自身中完成。”也就是说，我们需要科技，又拒绝科技，科技既发展了人，又“奴化”了人，这样的一种张力走向自身，最后，科技在与我们的融合中完成了它自身。总之，**我们利用科技，但不能迷失自己**。

今年暑假，高考成绩出炉后，儿子跟我说：“妈妈，我们既然已经决定了学建筑学，那么我是不是需要学学画画，毕竟没有学过。我要不要读点相关的书？我是否需要看看建筑物？以前出行旅游建筑物不是重点。我是否需要……”就这样，有关素描、建筑学和艺术史的书、各种与建筑相关的出行等让他忙碌了一个暑假并卓有成效。原本以为只有儿子如此，后来发现，优秀的孩子都一样，不仅善于发展自己，更重要的是能在自我分析的基础上进行理性选择和勇敢地实践与承担。班上的同学都在用高中的最后一个暑假积极地准备大学新生活，这种状态十分贴合我发表在移动互联网的一篇文章的主题：高考结束，是人生的开始。（后来被媒体改为了“浙大哲学教授告诉你‘高考志愿该怎么填’”，阅读量达到 64 万以上。）

在与这样的一批高考优秀者的交往下反观一下我们很多人的教育，不得不指出，在培养孩子的主体性上是远远不足的。我们过度在意分数的高低，而忽略了综合素质，尤其是主体性的人生观，从小就被填鸭式的重复练习和全部靠老师教和辅导班培训的方式主宰着而缺乏自学、自我发现、自己担当和自主解决的意识和能力。原本一样的聪明伶俐，在激发主体性和消减主体性的两种不同方式的长期影响下，前者会将聪明无限叠加，后者会在一天天的“拨一下动一下”中打折聪明程度，正如同，脑子越动越灵活，越不动越生锈一样。主体性是让一个人将自身先天因素无限发展的催化剂。缺乏主体性的孩子，无法实现高考中的脱颖而出；真正优秀的孩子，肯定不是全靠培训班教出来的。与主体性相伴的是一个强大而充盈的自我，**将主体性用到学习中，可以取得更好的成绩；用到工作中，工作上没有一点点成就感基本不太可能；用到生活中，理应比原先更乐观豁达因而更幸福**。

有一天，看了一篇关于康德的文章后，到阳台上收拾花花草草放松一下自己，看着怒放的玛格丽特，想起了常常听见的让人心里不是滋味的话：“养的花真美，当老师真好，这么空。”我想反驳：“花的确很美，当老师也真的是挺好，这些不错，可是，当老师有很大的压力。养花就是因为空吗？你没有养花真的是因为忙？”随意地一气呵成了一首小诗发在了微信朋友圈里：

花开，
有她的原因；
养花、赏花、念想花，

我有我的理由。
至少这一刻，
我不用假装自由。
面对自由，
我们一退再退。
至少这一刻，
我成了——行动的主体！

为了将理解与表达更好地统一起来，我做了这样的说明：一般人可能没有注意到“花开的原因”和“我的理由”中“原因”与“理由”的差别，以为只是为了避免语言的雷同。不是的。花开花落有原因，这是受制于自然决定论；从这点上讲，人有生必有死，也是被决定的，无法逃离。虽然人一方面被无奈地决定着，但是，却也有着不被决定的东西。我们始终为自己做一件事还是不做一件事以及怎样去做一件事寻找着理由，如同养花、赏花、念想花，我有我的理由，那就是让自身自由自在地投入到审美世界的创造活动中。康德说：“人为自然立法，理性为自身立法。”知性是探索外部世界的基础，理性是道德的基础，而理性的根本是什么，就是自由意志。所以啊，短短的文字看起来只是说花，其实是在称赞主体性对人生的价值。遗憾的是，这样的意思并非谁都懂得。

反思，也是主体性的人生观里的重要内容。所谓我自己，就是我把我当成一个对象去审视，去批判，去揭示。如同西方的艺术世界里常见的自画像，在中国画里极少看见：自己把自己画进画里。凡·高画过非常多的自画像，代表着一种自我的反思，这种自我的批判精神和整个从古希腊开启的哲学精神是一脉相承的。苏格拉底在临终的时候说,“未经反省的人生没有意义”,而反省的结果是“我一无所知”。今天,我们需要站在这个意义上,自问并提醒自己:**一方面,在科技一路高歌猛进,不断创造新生活、展开新节奏的时候,我的状态如何?我如何处理好和它的关系?努力做到适应但又不沉迷;另一方面,当社会不断地出现极其复杂的新矛盾和新问题的时候,我自己又处于哪一种地位?我需要的不仅是洞察,更是要通过勇敢的尝试和反击而踏实愉悦地存在着,不纠结、不矛盾**。这样的要求的确是很高的,不是每一个人都可以实现的;这样的要求又是不高的,因为,我们的一切讨论都是围绕思维创新展开的。

上述三个点—— 科技、社会、我自己,基本代表了三个关系:**科技就是人和世界的关系,社会就是人和人的关系,我自己就是我与心灵的关系**。这三个点从来不是独立存在的,而是处于一种纠缠的萦绕之中:**科技发展的动力之一就是社会的深层潜在需求,从这点上讲,科技来源于社会;反之,科技又极大地改变着世界包括社会**。同理,**我既是社会的一分子而具有社会性,但是,我的独立性却始终要求我摆脱社会的约束而成为我自己**。作为一个现代人,我既要对现代科技得心应手,但又不可以盲目崇拜。种种矛盾在这个时代都集中爆发了。**科技、社会、我自己,三者始终处于一种动态平衡之中**。要想将三个点放在一起一并进行系统性的思考,只有哲学可以堪当此任。因此,从哲学出发,从三大关系出发,构建三点一面的创新之道,是一个切实可行的做法。

思维创新的实践前提：
三点一面之科技篇

思维创新的实践前提：
三点一面之社会篇

思维创新的实践前提：
三点一面之我自己

思维创新的实践前提：
三点一面之行动的主体

第5讲

思维创新的方法前提：跳出惯性思维

——从九块蛋糕说起

一个孩子过生日，他跟他的爸爸一起去选蛋糕，选中了一块蛋糕，店主却说："我要关门了，你们换个地方去买吧。"孩子说："好不容易选中了，就卖给我们吧，一下子的事。"店主说："我们来做一个游戏吧！我出一道题，如果你可以做出来，就可以随意选蛋糕，蛋糕甚至可以送给你；如果做不出来，你就放弃，怎么样？"孩子说："好吧。"店主出了这样一道题："这边有九块蛋糕，一模一样大，你能不能把这样的九块蛋糕平均地放到四个盒子里去，前提是不可以弄碎，不可以重新组合，仍然是完完整整的蛋糕。做得到的话就可以选任何一块蛋糕，做不到的话就请放弃。我劝你现在就放弃，因为根本完不成。"孩子的爸爸听到这里勃然大怒，勉强压制着自己的怒火说："我们换个地方去买吧，又不是没有蛋糕。"可是，孩子说："爸爸，如果现在就走了，我们就真的输了，我这个生日会过得很不开心。我们能不能想一想？"孩子想了一会儿，说："叔叔，你拿得出这样的四个盒子吗？三个一模一样大，第四个稍稍大一点点，但要有三个盒子叠起来那么高。如果你拿得出来，我就做给你看；拿不出来，你就输了。"店主花了好大的力气，终于找出了这样的四个盒子。他不得不拿出来，否则就输了；他也非常想拿出来，因为想知道问题的答案。我们看到孩子在三个一样大的盒子里分别放进了三块一模一样的蛋糕，然后把三个盒子叠起来，再慢慢地塞到那一个稍稍大一点点却更高的盒子里，一边盖起来一边说："这样可以让买蛋糕的人一下子把九块蛋糕都拿走，因为分层装了，不会压坏，要吃的时候可以一盒一盒地打开，不至于为了吃一块蛋糕而把所有的蛋糕都搞得乱七八糟。叔叔，我真的很喜欢这块蛋糕，你就卖给我吧。"

听到这里，我们会做怎样的联想？我们会说这个孩子好可爱，好有勇气，今天是他的生日，何必要为难他，他理应获得生日的祝贺，店主你太过分了，就答应他了吧！这是情感在起作用，但仅仅感性的回答是不够的。我会继续想下去，这个孩子的做法到底对不对？从情感上来讲，他理应获得祝福，但是从理性上来讲，他是否做出了一个非常合理的解答？想了一下之后，我认为这个回答是合理的。

首先，考察一下这道题出现的场景。它并没有出现在小学数学的教科书里，它也没有出现在小学生的期末考试卷里，如果是出现在数学教科书和考试卷里，那么就必须严格遵守数学意义上的平均，即，9÷4=2，还余下一个1。唯一的正确的答案就是：不可能做到。但是今天这个故事不是发生在数学的情境里，它出现在买卖蛋糕的生活场景中，是由于店主自身的情绪所导致的一个难题，这是一个情感的事件，掺杂了太多情绪的表达，不是理性的数学可以完全应对的，因此，**我们有理由放宽一点数学的原则，为生活实践留下一点突破的余地**。

其次，既然是游戏，**那么保证游戏趣味性的恰恰就是公平**。

如果从公平的角度去看，既然允许一个成年人违反数学的规则出一道没有答案的题目去为难一个孩子，难道我们就不能允许一个孩子超越固定思维给出全新的答案吗？**既然允许一道题非常规地产生，就更应该允许这道题非常规地被解决**。否则，谁是出题的人就意味着谁必胜无疑。立足于公平性原则和故事所发生的生活情境，我完全认同孩子的回答。看了一下故事的结局：店主果然被感动了，送上了生日的祝贺。他说："孩子，你非常聪明，而且那么有勇气，我希望你每年过生日都到我的店里来取一块蛋糕。"

这就是我讲了这么多年的著名的九块蛋糕的故事。故事讲完了，我们想到些什么？我想问大家，在这样一个故事的场景里，店主、孩子的爸爸还有孩子，三个人谁的表现更出色？当然是：孩子。

为什么在生活当中我们经常听到"这是不可能的""这怎么可能""这永远也不可能"，但是，没过多久，那些不可能的都变成了可能？

为什么随着年龄的增加，随着阅历的丰富，随着经验的累积，我们越来越容易说出"这是不可能的"，而不是说"可能"？我们到底怎么了？

从这个故事出发，我想引出的是对惯性思维的思考。在现实世界里，一个成年人往往具备了比孩子多得多的惯性思维，也常常被称为定式思维、常规性思维或大众思维。这种思维有它存在的必然性，某种意义上讲，它体现了经济学原则。当发生一件事情时，我们不必每次都具体分析，我们很容易从自己的记忆里去寻找并提取一种相似的经验，然后直接复制，这是一种便捷而轻松的行为，它有存在的必然性。但是，如果我们的认知和行为完全被定势思维驱动和控制而没有一点点的反思和逾越的话，那我们就会偏离理性，陷入愚昧、从众和糊涂当中。偏离理性的认知是创新发展道路上的绊脚石。

生活当中经常听到或看到如下三句话：**“大家都是这样的，我就这样做了”**——这是从空间上寻求一种依托；**“过去一直是这样做的，我就继续下去了”**——这是从时间上给自己找一种借口；还有就是**“张三是这样的，张三和我是好朋友，我也这样了”**——这是基于两个个体的相似性做出的简单类推。我并没有说别人怎么样我就一定要不怎么样，过去是怎么样，我们现在一定要改变过去，张三是这样的，我偏偏不这样，我从来就没有强调这一点，我只是说：“我这样做，不是因为大家是这样的，也不是因为过去是这样的，更不是因为张三是这样的，最重要的是我自己要这样做。”我要做一件事情，主要的原因是我自己，而不是旁边的、外在的因素。这样的人生是自为的人生，自我设计的人生，自我创造的人生，在我们的整个社会发展历程里，是比较缺乏的，与此相伴的恰恰就是由于创新精神的丧失和创新意识的不足而导致的缓慢的社会发展。

说起惯性思维在我们社会的根深蒂固，从教这么多年我颇有感触。在我当老师的十多年时间里一直故事不断，这些故事都围绕两个问题展开，而这两个问题的内在联系就是社会形成的强大的惯性思维。

一个问题是年龄问题。就是人们总是对我的年龄充满了好奇。一个人初次认识另外一个人，肯定会对对方的年龄做一个大致的判断，这是很正常的，但是，如果过多的关注似乎就不正常了，而我面对的从来都是过多的、追求准确的关注，这不得不让我忧心忡忡。通常,我都会主动地告诉别人我是70后,70年代生的,我想这样一个区间已经足以满足对方。可是,这么多年了,总有不少学员朋友费尽心思地去打探我的具体年龄,或是上网搜索,在这之前则是直接去问班主任,还有一些就直接问我:“老师,问个不该问的问题,从70年到79年还有这么多年,你到底是哪一年出生的?”面对这样的打破砂锅问到底,我心里实在不适,我想:“你需要那么准确地知道我到底是哪一年生的吗? 这有何意义?”如果只有一个人是这样,那我可以理解,因为人和人是不同的,但是如果这十多年以来总是有那么多的人对此产生好奇,而且追根究底,那就是我们社会的问题了。有的时候我就会打趣地说:“我都忘了,因为长久不想起。”别人可能觉得我是在搪塞,其实我说的是真的,我根本就不在意自己的年龄,是哪一年出生的我根本就不在意。

我想好好谈一谈我的年龄观。我有三个年龄。第一个年龄是**物理的年龄**,它是每个人都知道的,是与生命的诞生相伴随的,这个年龄就是在哪一年出生。这个年龄,我觉得没有任何的创造性,它只是一个纪念,也许有一天我离开了人世,墓碑上会写从几几年到几几年,仅此而已;也许它会跟一个人的职业生涯有一定的关系,可是因为我是一名大学老师,我的职业生涯可以不受年龄的限制,我相信现代科技的发展,会为我传播知识提供越来越多更广阔的平台,所以我对物质的、物理的年龄从来不在意,当然,我很感谢我的妈妈爸爸赋予我来世上走一回的机会。

但是,有一个我很在意的年龄就是**身体的年龄**。身体的年龄在我手上被创造,良好的生活习惯,养生健康知识和合理的营养结构,开朗的心态,美好的追求,不断的探索求知、审美活动和运动锻炼，在艺术文化领域寻求更多的身心放松，都可以为身体的年龄做后盾。我是家里最小的一个，爸爸妈妈在年纪都很大的时候才生了我，应该说我先天的身体条件比不上哥哥和姐姐，但正是因为后续这些因素的共同作用，使得我有不错的身体，保持在一个比较年轻的状态。

我是一个哲学教授，随着年龄一天天的增加，跟大家一样非常公平地一年增加一岁，但是一年一年地过去了，我却活得更加自在，更加快乐。为什么？因为还有第三个最让我引以为荣的年龄——**心灵的年龄**。**我们有两个世界：有广延的世界和没有广延的世界，外部的世界是有广延的，心灵的世界是没有广延的**。**只要我们更多地培育它、发展它，它就可以无限增长，无边无际，浩浩荡荡**。从文学到语言学到美学到哲学，我不断地为心灵增加营养，做了许多有趣的事情，读了许多有意思的书，看了许多美丽的风景，懂了许多深刻的道理，这些都促成了我的成长。我总是跟别人讲：**"实现无限可能性——这就是我的人生**。**我们不能决定在哪里会遇见谁，会发生什么，但我们可以决定的是——把哪些人、哪些事留在自己的生命里**。"这样的语言，透露出来的人生观是积极向上、蓬勃乐观的，不断地激发心灵的创造性。因此，心灵在创造的激发下，永远都不会走向老年。让心灵保持一份纯真、一份好奇、一份求索。**让心灵回到童年**——这是每个人都可以做到的。

推荐二十世纪伟大的哲学家、数学家、诺贝尔文学奖获得者罗素的作品《幸福之路》和他的散文《我为什么活着》。心中时不时地涌现这样的高昂的开篇："对爱情的渴望，对知识的追求，对人类苦难不可遏制的同情心，这三种纯洁而无比强烈的激情支配着我的一生。这三种激情，就像飓风一样，在深深的苦海上，肆意地把我吹来吹去，吹到濒临绝望的边缘。”——试问一下，**如果我们从知识、情感、善意出发去滋养我们的心灵，我们会那么在意物理的年龄和身体的年龄吗？** 肯定不会。稳稳的幸福是笃定的答案。

还有一个问题是什么呢？就是在社会交往的过程里，人们总是不愿意把我当成是来给大家讲课的老师。从开头的不认同到好奇再到课后的认同，一直伴随着我十多年的讲课经历。我走进教室时，常常会被拦住：“唉哟，你是我们这个班的学员吗？”然后，我笑笑就走进去；我到了讲台上，班主任可能正在给我打电话：“金老师你有没有到啊？”我说：“我已经在讲台上了。”有趣的是，有一个四川的局长在课间就单刀直入：“老师，你是副教授，为什么说自己是教授还是博导？”我说：“你在百度查的吧，你应该到浙江大学的官网去查，我一定是，不会弄虚作假。”我心里在想：“你为什么总是怀疑我而不去怀疑别人呢？因为他戴着眼镜，对吗？因为他头上有白发，对吗？因为他不时尚，对吗？而这一切都足以去支撑一个教授吗？”

印象最深的趣事是两年前苏州的教育系统的校长班。下午 2 点上课，1 点 40 分的时候有个女校长说：“我们学生都到了，老师怎么还没有来？”此时，我就在讲台上，我说：“我就是。”“主讲老师怎么还不来？”“我就是。”边说边走下讲台，“你觉得我不像老师。”她说：“还是挺像的。”“你就是觉得不像，否则你不会问两遍。”她说：“其实我们都觉得不像。”我说：“今天我真的很想把这个问题搞清楚。”我确确实实是一名浙江大学的老师，浙江大学的教授，可是为什么总是被怀疑？而有些人不是的，他为什么总是不被怀疑？我们是不是要想一下能够决定一个人是不是教授的因素到底是什么？我们第一眼看上去的感觉到底是在怎样的因素下激发的，它是否靠得住？如果靠不住，它为何一直起作用？我们是不是完全可以让自己就跟着感觉走？感觉一定会发挥作用，只是最快速的瞬间的反应，可是之后需要用理性对感觉进行评价。如果一个社会缺失了理性的评价，而只是跟着感觉走，那么，它一定不会有太多的变化，更不用说发展和创造。心里想着这些不由得在那个课堂上问大家："大学教授一定要年纪大吗？"他们都摇头。我继续问："哲学系的老师一定是男的吗？"他们说："当然不一定，但是男的肯定比较多。"我问他们，大学教授一定要长得比较难看吗？他们说那也不一定，因为长得好看的人本来就少，读书读得好的人又少，两个结合在一起当然是少而又少。我又问他们，你们觉得大学教授不能够太时尚吗？他们说浙大是一个要走向世界的名牌大学，要走向世界，老师不仅观念要现代，而且外表同样是可以时尚的。这些回答都如此的有道理，可是为什么伴随的却是那么多年如此固执的怀疑？

此时，跃上心头的是王蒙的《坚硬的稀粥》。不错，我们生活在一个跟着感觉走的时代，历史形成的强大的惯性仍然在悄无声息地影响着我们，我们的理性思维从来都是不够的，这与长期以来的封建专制教育、科学知识的落后、社会制度规则不尽完善都有一定的关联，我们也从来没有完成过一次真正意义上的思想启蒙，这不是道德伦理上的好坏，但是如果谈到创新，这样的认识会起到阻碍作用。这就是发生在我身上的、绵绵不断的两个有趣而引人深省的小故事。

两个问题合在一起就是一点：当代的中国人用上了智能化的

手机，住的是高楼大厦，开的是很好的汽车，接下来还有无人驾驶的汽车和无人超市……这些表明我们已经参与把握了时代脉搏，但是，骨子里，我们还有历史的延续和历史的羁绊。当我们把它转化成人生观就是：**我们对人生的理解给予了过多的物理的理解，而缺少了那些物理之外的饱富精神性、情感性和审美性的内在理解，因此，我们的人生被沉重地限制着，无法升腾和飞翔**。与此相关，我们经常听到这样的话："我都这把年纪了，还需要学习吗？我都要退休了，还那么较劲提高干吗？"难道学习只是为了工作？学习难道不是为了给人生增加更多的动力和激情，增加更多的斗志和勇气，为生命赋予更多的美好吗？我们也会常常听到这样的语言："我都这把年纪了，还要打扮干吗？"我在心底里想：20多岁是一个如花的阶段，不需要打扮，青春自身的芳华足以让自己魅力四射。但是，随着年龄一天天的增加，我们需要通过自己内在的修养和外在的装饰，让美从原先的自然青春状态升华为因智慧与美丽结合而释放出来的优雅魅力。在欧美，尤其是在法国街头，随处可见的是有着不同年龄却同样优雅和美丽动人的女子。在这一点上，中国是不足的，但正在悄然变化之中。由此，我很喜欢陈丹青的一段话：**"喜欢看见美丽少女，就像喜欢春天。但比少女更难得的艳遇，是给你瞧见一位历经岁月却依然楚楚动人的女子。"**

这样的差异很好地凸显了东西方在惯性思维前面的态度，根本上是东西方两种文明的差异。简而言之，西方世界会更多地看重：你和大家不一样，你是一个独立的个体；中国社会长期以来所营造的观念，更多强调的是：你和大家是一样的，你需要从众，大家怎么样你就怎么样。导致这样的差异的一个重要原因是文明起源的不同：中华文明是农耕文明，依赖而眷顾土地，不随意变动，形成了以家庭为最小单位的情感社会；而西方文明是海洋文明和游牧文明，形成了以个人为最小单位的理性社会。

人和人具有相同之处，也有不同之处，过多地看重相同之处而忽略人之间的差异，那么变化创新从何开始？创新是一种变化，变化必须要从不同中寻求动力。反之，过多地在意自己而忽略大家，那么家庭和睦、团队合作以及社会和谐又如何得以可能？个人、家庭和社会都需要同和异的协调以及传承与发展的平衡，只是，基于中国社会惯性思维过强的历史和把握时代新机遇实现伟大民族复兴的迫切现实，我们不得不呼吁：让我们勇敢地对惯性思维做一点超越吧！

跳出惯性思维之九块蛋糕的故事

跳出惯性思维之“我有三个年龄”

跳出惯性思维之“为什么总是怀疑我是教授？”

第6讲

独创性之：质疑的精神与问题的意识

——哲学和科学维度

每每被问及创新思维的特点，我都会毫不犹豫地说："独创性。"什么是独创性？就是与众不同，就是新颖独特，说到底就是一个字"新"，这是创新思维最突出和明显的特性。所谓创新，直白一点就是产生一个新的事物，可以是理论，可以是产品，可以是艺术作品。有新就一定有旧，那么创新就是一个从旧到新的过程。如果我们对独创性的理解仅仅停留于对新的称赞上，那是不够的。分析的目的是为了促成。因此，我们不得不进一步追问：是什么推动了独创性的实现？独创性背后的动力是什么？这些问题成了对独创性分析的关键。

亚里士多德认为，哲学在于探索智慧，但智慧是关于原因或原理的知识，那么，作为追寻智慧的哲学理所应当就是关于这类原因或原理的知识了。"智慧是关于某些本原和原因的科学。""哲学家应做的事就是掌握实体的原因和本原。""我们是在寻求现存事物，以及事物之所以成为事物的诸原理与原因。"亚里士多德认为，关于事物的原因或原理的知识是真知识，只有认清一个事物的基本原因后，才可以说认识了这个事物，由此，我们也可以顺利解决与该事物相关的其他问题。出于哲学研究的本位，我因为从不满足于对独创性的“新”的分析，所以转向了对其动力的讨论。我认为，**质疑的精神所带来的问题意识是独创性的根本动力**。有质疑就会有问题，有质疑才会有问题，有问题就会有变化和进步，整个创新就是在发现问题和解决问题的过程中演进的。如果对什么都信以为真，对什么都不加质疑，那么，不用说进步，连变化都不可能。

这样的一种回答首先来源于我的哲学教育。如果说整个人类历史是一部文明的创新史，那么，哲学就是其中的典型。哲学史就是一部完全的问题史。

第一问：世界是什么？大约在公元前六世纪，处于地球不同位置的人们，不再仅仅对白天和黑夜的有节奏的变化感到好奇，人们不再仅仅对生与死的循环感到不解，不再仅仅对一棵树从树苗长到参天大树最终有一天会死去的生命过程产生疑问，不再仅仅对变化着的世界的一切具体事物感到不解，而是振聋发聩地提出了一个极为了不起的问题：世界是什么？它超越了具体的感官体验，超越了具体的生活经验，因此崇高若灿烂的星河。从此，哲学开始，沉思开始，文明加速了进程。试问，如果没有足够发达的大脑，可否支撑这一问题的产生？如果没有对生活和生命超越的勇气和智慧，这个问题怎么会产生？它如同仰天而问的“天问”，高不可攀，遥不可及，但是，两千多年前的古人问了。古人用爱智慧的激情奏响了智慧的凯歌，一路探寻，一路前行，从未停止。爱琴海边回答得热火朝天，泰勒斯的“大地浮在水上”，水是万物之源；德谟克利特的“原子论”虽不同于二十世纪的物理学上的原子，倒也有类似的思想；毕达哥拉斯的“数”，还有火、土、气、逻各斯；等等。差不多同样的时间，古代中国也做出了自己的回答：金、木、水、火、土。哲学是爱智慧的学问，人类的爱智慧的征程从一个了不起的问题开始。试问今天的人，有多少人提出过这样的问题？多么的不容易！

第二问：我们能认识世界吗？两千多年过去了，当人们沉湎于对世界本原的探索和自圆其说时，出现了伟大的康德。伟大的原因仍然是因为问题，他提出了一个所有哲学家都忽视的问题：我们人类凭什么去回答世界的本原？正是这一问题，使得哲学出现了哥白尼式的革命。我们能知道什么？康德的回答是："我们只能知道自然科学让我们认识到的东西，哲学除了能帮助我们澄清，使知识成为可能的必要条件，就没有什么更多的用处了。"至此，从柏拉图以来的传统和定式被康德的这个问题彻底颠倒了。在此之前，人们让认识向外部事物看齐，我们自以为是地认为可以认识世界，而康德说，如果我们颠倒一下，让事物向我们的认识看齐，该会如何？这就是著名的"知性为自然立法"。康德把这一思维方法与哥白尼的"日心说"相比较：哥白尼以前，人们认为一切星球围着地球转；哥白尼却说，我们赖以生存的地球是在围着其他星球转。康德把自古希腊以来探索世界的趾高气扬的哲学家拉下马来，却为道德提供了无限的空间，那就是"理性为自身立法"，也为哲学和科学指明了新的方向。此后，哲学家不再说透过现象看见本质，本质有吗？就算有，我们看得见吗？科学家也不再说他们找到了世界的规律，他们的理论是完美的，他们只会说，"我们都在痴人说梦，只是我的梦弥补了他的梦的不足而已"，这就是康德的伟大的批判。伟大的康德为人类在科学世界的探索降了降温，却为人类在道德上铺就了无尽的坦途，是否可以视为，他为之后几百年来人类科学加速下的道德缺失和心灵迷茫做了铺垫和准备呢？崇敬康德，如同墓志铭所言：两样东西，人们越是经常持久对之凝神思索，它们就越是使内心充满常新而日增的惊奇和敬畏——我头上的星空和我心中的道德律。

第三问：我们认识世界的方式是语言，语言清楚吗？我们谈论世界的语言是否清晰明了？ 接下来的几百年，在康德的影响下，科学和哲学仅仅在做注解，尽管也不乏精彩与多样。二十世纪上半叶，战争打乱了世界，打乱了精神和理性，哲学何去何从？三十二岁的维特根斯坦出版了《逻辑哲学论》。不管之前的哲学家持怎样的观点，但是，他们都是在用语言说世界。语言就是世界，要探究世界，首先需要清晰的语言，而对语言本身的澄清，是哲学的任务。“对于说的清楚的，我们把它说清楚；对于说不清的，让我们保持沉默。”维特根斯坦用自己年少轻狂的智慧，找到了哲学一直以来存在的问题——沉陷在语言的泥沼里。哲学的任务是澄清语言，澄清语言就必须规范语言，哲学的第二次转向——“语言的转向”就这样奇妙地发生了，不是缩小了哲学研究的范围，而是与科学分道扬镳，在科学备受瞩目、哲学岌岌可危的危急时刻为哲学开辟了新的领域：语言。现代逻辑、分析哲学、语言哲学，从来都不是只为日常生活中的人服务，它们为之后乃至今天无人不知的计算机语言信息处理、人机对话、人工智能做好了准备。

经历了两千多年来哲学不断加速、加深的一轮一轮问题的洗礼，二十世纪哲学呈现出了更为浓烈的质疑与问题。质疑理性，质疑知识，质疑文明，质疑制度，质疑性与爱，质疑可以质疑的一切，从结构到解构，从现代到后现代，在荒谬中诞生价值，歌颂无意义……哪一刻停止过？这里面让我敬仰的有加缪、德里达、罗素……最彻底的质疑者是福柯。如果萨特说“他人即地狱”，已经是惊人之语，那么福柯说“人死了”，实在是惊世骇俗却又确有其事；他的理想是在伟大的尼采式的光辉照耀下，展开一系列的“文化边缘”研究彻底批判西方整个现代文明。他认为理性无法依赖，人如同漂浮的浮萍。他致力于解构宏大叙事，关注小人物；解构英雄情结，关注生活细节；解构主题和中心，关注边缘和个体。这些哲学文化思想界的强烈质疑之声，恰好与科学技术的一次一次不间断的创新发展奇妙地呼应着。

从世界是什么开始了对世界本原的探索，到我们凭什么探索世界对人类能力的反思，再到对谈论世界的再反思，清晰可见地彰显了哲学强烈的质疑精神和问题意识。也正是这样的问题，才引领着人类社会的长足发展。有人问我，**如果要找一个词总结哲学的精神，会是什么？我说“批判”或者“反思”，当然也可以是“理性”**。批判与反思语义接近，发源于质疑精神和问题意识，通达的目标是理性和智慧。苏格拉底说：“未经反省的人生没有意义。”柏拉图说：“吾爱吾师，但吾更爱真理。”马克思说：“辩证法不崇拜任何东西，按其本质来说，它是批判的和革命的。”这种经由哲学史的教育而培养起来的质疑与问题，为强大的创新活动提供了根本的动力。

记得曾任浙江大学校长的杨卫院士在青年教授座谈会上说过一句话，**“机会总是打扮成问题的样子出现的”**。这句话深深地打动了我，这么多年过去了，仍记忆犹新。我也有一句发自内心的话——**问题是机会成长的土壤**。我说此言更多的是基于哲学发展的过程，而他，作为一名科学家，更多的是源自对科学技术发展的考察和体验。不管怎样，在这一点上，科学与哲学再次汇集碰撞到了一起。上面我们谈了哲学，接下来，让我们看看在质疑与问题的沃土上人类是如何实现了一次次的科技突破，开出一朵朵绚烂无比的科技之花。

从人类历史发展看，质疑精神带动下的问题意识是整个科学技术发展的动力，一部科技史就是一部问题史。问题不仅是科学研究的起点，还是科学实现重大突破的契机。某种程度来讲，科学研究的高度比的不是理论和方法本身，而是问题。问题的高度决定了科学的高度。正如爱因斯坦所言：**“提出一个好问题比解决它更具本质性。”**科学家了不起的地方恰恰就是强大的质疑精神带动下的高超的提问题的能力，一个个的问题推动着认识的提升、科技的发展和社会的进步。下面，我们先看一场熟悉的对话吧！

年幼的孩子会问妈妈：“明天太阳公公会来看我吗？”妈妈说：“当然会，太阳公公每天都会来看你。”“为什么啊？”“因为太阳每天都会升起。地球不仅自己转着，还围着太阳转，这永远不会改变。你长大了就会懂得。”“妈妈，你怎么知道的？”“我是学来的，别人告诉我的，知识都是代代相传的。”“那别人也是别人告诉他的？”“那当然。”“那总有第一个‘别人’，他不能是别人告诉他的，他必须是自己知道的，对吧？”“是的，他是哥白尼，伟大的科学家。”（或许很多家长都没有想到过这个问题吧！）“那为何他可以自己知道，你却不能？”“你有点烦，他是伟大的科学家，你妈妈只是一个普通人。”“普通人与科学家有什么不同？他们有三头六臂吗？”“你真的烦，他们和我们长得一样，但是他们比我们聪明。”“他们怎么聪明？表现在哪里？”“我说不出来，因为我不是科学家，等你长大了慢慢了解吧。"这是我们熟悉的对话，这场对话中的孩子很了不起，打破砂锅问到底，可是他问的问题哪一个不是真的问题？"那总有第一个'别人'，他不能是别人告诉他的，他必须是自己知道的，对吧？""科学家比我们到底聪明在哪里？"这些都是非常好的问题，这些问题恰恰就是推动哲学和科学发展前行的动力。不是每个孩子都具备如此强大的科学提问的能力，但他具有科学家的潜质，需要好好培养。到底科学家与常人有何不同，让我们简单回顾哥白尼日心说提出的过程吧。

在探索天体问题的过程中，出现了不一致的结论，结论的不一致就违反了科学的一致性，不一致的极端就是出现矛盾而违反矛盾律。身为科学家的哥白尼一定不会放任这样的不一致，他检查了研究的过程，没有问题。那么，推导的前提就成了怀疑的对象。一个科学的理论建立在正确的前提和正确的推导的基础上，过程没有问题，就不得不怀疑前提。而在这一系列的前提中有一个是共同的，那就是地心说。太阳围绕地球，这是当时不可撼动的真理。这一刻，科学的强大质疑让哥白尼怀疑了它，经过分析，发现它没有科学的来源，它更多的是基于感官的体验（地球不动，太阳一直有规律地动），还有宗教的需要（地球是中心，上帝创造了人类并把他们放在中心的位置上），此外还有人类与生俱来的自我中心自大意识（人类是世界的中心，是唯一的主体），而这一切，都不是科学，这更加激发了哥白尼的问题意识，激发他向地心说宣战。正是强烈的质疑精神和问题意识，造就了伟大的哥白尼，催生了捍卫真理的日心说。

这一刻，我想到了那位妈妈，她完全可以理直气壮地回答孩子的问题：**"科学家与我们普通人不同的地方是强烈的质疑精神**

和问题意识。”这就是他们的聪明所在。如果她觉得这还不够有力，还有一个家喻户晓的故事可以作为佐证：牛顿与苹果的故事。

传说1665年秋季，牛顿坐在自家院中的苹果树下苦思冥想。这时，一个苹果恰巧落下来，落在牛顿的脚边。一个伟大的发现的瞬间就这样想到了。这次苹果下落与以往无数次苹果下落不同，因为它引起了牛顿的注意。顿时牛顿想到了一个之前不曾被任何人注意的问题：苹果为什么会落到我的脚边？牛顿从苹果落地这一理所当然的现象萌生了一个“不是问题”的问题，从而找到了苹果下落的原因——引力的作用，并由此解开了行星绕日运动的原因的难题：这种来自地球的无形的力拉着苹果下落，正像地球拉着月球，使月球围绕地球运动一样。这一重大的发现，这一重要的历史瞬间，到底源自对苹果落地的感谢还是对科学家探索精神的无比崇敬？长期以来，牛顿认为，一定有一种神秘的力存在，是这种无形的力拉着太阳系中的行星围绕太阳旋转。但是，这到底是怎样的一种力呢？直到有一天，当牛顿在院中的苹果树下思索，一个苹果落到他的脚边时，牛顿终于顿悟，他的问题也逐渐被解决了。我们每个人都有过无数次苹果（也可以不是苹果）落下来的经验和体验，正如日常经验让我们每个人都知道握着玻璃杯的手是不可以松掉的，否则它就会落到地上摔坏，可是我们什么时候问过为什么？我们对此产生过好奇吗？直到牛顿提出了这个问题，我们才发现：哦！这真是一个问题，一个了不起的问题。问题的伟大就在于它的司空见惯，科学家的伟大就在于他们对世界理所当然的现象的好奇和打破砂锅问到底的探索。

这个故事据说是由牛顿的外甥女凯瑟琳告诉法国哲学家、作家伏尔泰，之后通过伏尔泰的著作流传起来的，牛顿家乡的这棵苹果树也在后来被移植到剑桥大学。牛顿去世后，他被当作发现宇宙规律的英雄人物继而被赋予传奇色彩，牛顿与苹果的故事更是广为流传。尽管事实是否如此无从知晓，但这恰恰就是对科学家超越常规的问题意识的歌颂吧。同理，科学的质疑和问题奏响了一次次捍卫真理的嘹亮的凯歌：数学家罗巴切夫斯基推翻传统几何学创始非欧几何学；伽利略揭开了落体运动的秘密，推翻了亚里士多德的学说；爱因斯坦对牛顿的经典力学进行大胆否定，创立了相对论……一次次对问题的质疑，一次次人类的科学进步。

提出一个好的问题，不仅得益于丰富而专业的知识，还务必具有强大的逻辑思维能力，正因如此，悖论往往成了产生科学问题的重要契机。我们先看看著名的罗素悖论：在某个城市有一位理发师，他的广告词是这样写的："本人的理发技艺十分高超，誉满全城。我将为本城所有不给自己刮脸的人刮脸，我也只给这些人刮脸。我对各位表示热诚欢迎！"来找他刮脸的人络绎不绝，自然都是那些不给自己刮脸的人。可是，有一天，这位理发师从镜子里看见自己的胡子长了，他本能地抓起了剃刀，你们看他能不能给他自己刮脸呢？他进行了一番推理：如果他不给自己刮脸，他就属于"不给自己刮脸的人"，他就要给自己刮脸；如果他给自己刮脸呢？他又属于"给自己刮脸的人"，他就不该给自己刮脸。理发师陷入了无穷矛盾中。这就是理发师悖论，罗素先生借理发师向世人抛出了一个极为重要的数学理论问题：设性质 $P(x)$ 表示"x 不属于 x"，现假设由性质 P 确定了一个类 A，也就是说"$A=\{x \mid x \notin A\}$"。那么问题是：A 属于 A 是否成立？这一问题撼动了数学的基础，构成了"第三次数学危机"，也正是这一问题的提出，才使得集合论后续的改造和发展得以可能。

众所周知的伽利略的故事如出一辙。被奉为权威的亚里士多德认为，物体下落的速度和它的质量成正比，物体越重，下落的速度越快。比如说，质量为 10 千克的物体，下落的速度要比质量为 1 千克的物体快 10 倍。1700 多年前，人们一直把这个违背自然规律的学说当成不可怀疑的真理。年轻的伽利略在逻辑推导的基础上大胆地对亚里士多德的学说提出了疑问：如果有两个物体，一个重，一个轻，然后把它们捆在一起。根据亚里士多德的说法，重的物体下落的速度快，两个物体之间的绳子会被拉直。这时轻的物体会对重物产生一个阻力，使得其下落速度变慢。但是，从另一方面来看，两个物体绑在一起以后的质量应该比任意一个单独的物体都大，那么整体下落的速度应该最快。这是矛盾的，理论上推断出亚里士多德的理论是错误的。经过深思熟虑，他决定亲自动手做一次实验。那就是众所周知的比萨斜塔实验。真正揭开落体运动的秘密，推翻了亚里士多德的学说的不是比萨斜塔的实验，而是身为科学家的伽利略强大的逻辑推导能力和负责任的科学精神。

人们见过苹果落地，但只有牛顿像个“傻瓜”一样地问：“为什么苹果要向下落，而不向上飞向天空呢？”人们知道夜空是黑的，可是为什么呢？现象是如此的寻常，一百多年前的奥伯斯问了，至今仍然没有定论，但天文物理学却不断在解密。人们见过钟摆，但只有伽利略“天真而幼稚”地对这个现象发问：为什么有的钟摆摆动频率高，有的钟摆摆动频率低？人们可能都有过坐在公交车上同时透过车尾的玻璃看到街头一个大时钟的经历，但只有爱因斯坦，向着这个普通得不能再普通的现象发问：假如我坐的这个车逐渐加速，直到速度快到和光速一样，那么在我达到光速的那一刹那，从街头那个大时钟反射过来的光就再也无法追上我，就再也无法映入我的眼帘，这就意味着，此时在我眼中，那个时钟的指针已经静止了，时间停止在我达到光速的那一刹那。可是牛顿力学却告诉我时间是无始无终、匀速流淌的啊，这到底是为什么?！正是这个困惑的出现，人类才在公元1905年，拥有了相对论。爱因斯坦之所以伟大，一个很重要的原因就在于，只有他，意识到并正视了这个困惑。

伽利略、牛顿、奥伯斯、爱因斯坦等之所以会成为伟大的科学家，之所以会为我们人类知识的增长做出如此大的贡献，在于他们身上共同拥有的一种能力，那就是超强的提问能力！**伟大的科学家，总是能够在常人看来司空见惯的事情上，发现异乎寻常的东西；伟大的科学家，在面对常人眼里理所当然的现象时，总是能够用近乎婴儿般的好奇心来提出近乎"傻瓜"和"白痴"的问题；伟大的科学家，总是能够在被常人视为常识而不屑一顾的问题上，穷根究底，苦苦较真，异想天开**……从这一点上看，伟大的科学家是否的的确确是哲学的孩子呢？从哲学的母亲那里继承了问"无用之问"，干"吃饱没事干"的事，从而实现了无用之大用。

最后，让我们从这一点上反观一下中国的科技创新状况吧，总体有两个方面的特点。

一是集中在技术层面。我们引以为荣的四大发明，全部都直接得益于实用，服务于日常的生活实践，科学精神是纯粹的不带功利的探索，技术思维有很强的功利性和目的性。当然，文明的发展往往会首先在技术层面突破，但是，技术的领先不一定就会顺理成章地带来科学的发展，搞得不好的话，还会因为其身上固有的功利性和实用性而阻碍纯粹的科学精神。从这一点看，至今，国人身上还有着很强的实用主义色彩，这不是一朝一夕形成的，是长久的历史和过去几十年快速追赶的产物。爱因斯坦说得好："要让中国这个民族自身产生现代科学是不太可能的，因为现代科学需要两样东西：一是追求必然性的演绎推理，二是实验的精神。"我们没有产生演绎逻辑，我们盛行的是经验而不是实验，这是两个有点相反的过程。

二是不论是依据英国剑桥的科技史家李约瑟的《中国科学技术史》，还是美国科普作家肯德尔·亥文所著的《改变世界的发明》、英国博物学家杰克·查洛纳主编的《改变世界的 1001 项发明》以及巍巍编写的《改变世界的 121 种神奇发明》，也不论在改变世界的重要发明中来自中国的到底是占 3%还是 4%，在一点上达成共识：中国影响世界的发明主要集中在古代，明清之后，精确一点就是 1500 年之后，基本没有重要发明问世——确实是各种相关统计都承认的一个事实。李约瑟在《中国科学技术史》序言中说，中国"在 3 到 13 世纪之间保持一个西方所望尘莫及的科学知识水平"。的确，中国的一些发明和发现往往远远超过同时代的欧洲，特别是在 15 世纪之前，但是，当 16 世纪近代科学在欧洲产生时，中国文明却未能在亚洲产生与此相似的近代科学，从此落后于西方。这不得不让我们审视社会和人本身。继百花齐放、百家争鸣的春秋战国之后，罢黜百家、独尊儒术，到后来的宋明理学，专制大一统、封闭锁国、限制思想和自由，一系列的政治和思想的枷锁使得这个古老而智慧的民族渐渐地失去了问题意识与质疑精神以及与此息息相关的自由，如此一来，作为社会的一个层面，科技停滞不前了。正如学者张柏春所言："在元帝国拖曳着的最后一抹科技创新的斜阳走下历史舞台之后，明清时期 500 多年鲜有重大发明创造。”

质疑的精神和问题的意识是科学创新与发展的动力。这样的意识和精神的培养需要社会的开放包容以及由此产生的自由和竞争。在实现伟大民族复兴的道路上的中国，常常需要想一想著名的李约瑟之问：“中国有四大发明，为什么在现代科学中没有贡献？”答案是明确的。我们需要的是通过这一问题时刻提醒自己，客观认识自己与整个世界，更好地实现更难更高的科技创新。

独创性之：质疑的精神与问题的意识——哲学维度

独创性之：质疑的精神与问题的意识——科学维度（上）

独创性之：质疑的精神与问题的意识——科学维度（下）

第7讲

独创性之：质疑松绑精神，问题放飞心灵
——艺术维度

之前，我用概括哲学简史和列举重要的科学家故事的方式讨论了质疑精神与问题意识在哲学和科学发展中的重大意义。此时，我想围绕一些热议的艺术话题、熟悉的作品、不解的困惑以及与此相伴的误解，说出自己的观点：用质疑为精神松绑，用问题放飞心灵，这就是艺术发展的内在动力和永恒意义。

我们有两个世界，一个是物质的，一个是非物质的；一个是有广延的，有长宽高的有限世界，一个是没有广延的，看不见摸不着因而是无边无际、无限的世界；一个是身体的，一个是心灵的。人类文明的进程从来就是一场推动两个世界发展前行的冒险之旅，哲学在幕后统领着，科学肩负起了发展物质世界的任务一路前行。今天，我们看得越来越远，宏观世界越来越大，微观世界越来越小，我们拥有了貌似无所不能的强大力量。**物质世界的发展从来不可以替代心灵世界的发展，心灵世界的发展靠的从来不是科学，是什么？艺术文化。质疑社会、制度、物质乃至科学给我们套上的枷锁，扫清障碍，为精神松绑，给心灵自由，提升感知力和审美力，拓宽心灵的世界，在善与美的世界里徜徉。这是一股温柔**

的力量，与生俱来，也从未消失，更不可消失。

一幅艺术作品带给我们的到底是什么？画家想说的是什么？一幅伟大的作品伟大在哪里？艺术家与画匠有何差别？这些问题看似不同，其实有着密不可分的关联。让我们从达·芬奇的《蒙娜丽莎的微笑》说起吧。

《蒙娜丽莎的微笑》是一幅举世名作，作为文艺复兴三杰之一的达·芬奇也因此让更多国人知晓并远超米开朗琪罗、拉斐尔的知名度，为何？仅仅是因为达·芬奇基于深刻的解剖和生理学研究从而在画作上表现出的别人无法企及的对隐藏在皮肤下的脸部肌肉的微笑状态的探索？以及研究人在轻松愉快时的心理变化与反应过程之后的栩栩如生？仅仅是因为达·芬奇改变了以往肖像画构图上多采用侧面半身或截至胸部的习惯，代之以正面的胸像构图，透视点略微上升，使构图呈金字塔形，这样"蒙娜丽莎"就显得更加端庄和稳重？还是在背景的处理上，达·芬奇运用的是"空气透视法"，将后面的山崖、小径、石桥、树丛与潺潺的流水推向遥远的深处，仿佛这一切都被笼罩在薄雾里，以此来加强"蒙娜丽莎"的形象地位？这一切都极为重要，但都必须围绕一点展开才有更深刻的价值：达·芬奇极尽所能创造了一位美丽华贵、在充满生机与活力的生活世界里的真实女性。为此，他在不大的画面尺寸上足足花了四年时间。她拥有丰满的曲线，没有华丽的服饰却掩盖不了华贵的气质，袒露的胸部跳动的是健康和青春，最是那神秘的笑容，像蒙上了一层雾，似乎明白，又捉摸不透，这恰恰就是最真实的生命。生命是活动变化的，瞬息万变，生命也是复杂的，是无解的。一千个读者就有一千个哈姆雷特，同理，一千个观众，就有一千个蒙娜丽莎的笑容。这就是艺术的魅力所在，它没有规定，不想规定，也无从规定。达·芬奇通过画作提出的是那个时代的艺术家必须回答的问题：艺术表现的是什么？是神、上帝还是人？是人性还是神性？

一幅作品必须要被放置到它诞生的那个时空点上，才可以更好地被解读，但不可仅限于那个历史的时空点。在文艺复兴之前，是绵延近千年的中世纪，在受基督教禁欲主义控制的年代里，妇女的举止是要受到许多约束的，她们不能尽情地表现自己的欢乐与痛苦，不然，就是对上帝的“亵渎”，一般上层妇女，也不允许肆意地哭与笑。绘画世界所表现的主题从来就是宗教和神话，人没有自己，身体连同精神全部属于上帝，人不是绘画的主题，但凡出现的人，从来都面色苍白，表情僵硬，身体瘦削。在达·芬奇的这幅画作里，我们看到的是一个活生生的人，她生动着，真实着，丰富着，对于那个时代的人而言，是一种怎样的喜悦！她的身上淋漓尽致地表现出了文艺复兴的精神，这种精神可以是思想解放、反对宗教的人文主义，也可以简单直白地说是歌唱自己的生命。在《蒙娜丽莎的微笑》里，我们看到了这种对生命的礼赞。而这，恰恰是那个时代的重音。一幅画的价值一定离不开它的高超技法，但肯定不仅限于技法，一定还承载着超越时代的精神价值。艺术表现的是什么？是神、上帝还是人？是人性还是神性？达·芬奇作为文艺复兴的旗手，回答得掷地有声。**伟大的作品源自伟大的精神，既是艺术家的精神也是通过作品传达的精神；伟大的精神源自对超越时代的问题的把握和回答**。

最近，苏豫小助理在设计我的每日一帖时选择了马奈的名作《吹笛子的少年》，这不禁让我想起了马奈，这位印象派的先驱。凑巧正在写这本书，由此，我想到了他惊世骇俗的作品《草地上的午餐》和《奥林匹亚》,马奈用他的作品“让裸女从天上降落人间”。

1863年《草地上的午餐》被法国官方沙龙拒绝,却在之后的巴黎落选展中引起巨大的骚乱。三个人物被描绘在这张画的中心位置:两位衣冠楚楚的男子,一位是西装革履的绅士,一位是阿拉伯装束的乐师,还有一位裸体的女子。他们坐在草地上聊着天,女子右手托着下巴,眼睛直视着画外的观众,没有任何羞涩躲藏之意,她似乎在说:“看吧,大胆地看吧。”这一切仿佛就发生在巴黎的郊外。一个强烈的对比性主题突显了裸女和绅士。

裸女在西方的艺术中是一个永恒的主题,裸女与绅士的组合也是司空见惯,为何这一幅画就离经叛道,甚至被在参观落选展的拿破仑三世和他的近臣指控为“不知羞耻,且伤风败俗”?因为之前的关于裸女和绅士的作品表现的不是宗教题材就是神话故事,还有那美好曼妙的田园牧歌。《草地上的午餐》明显地留存着以往几幅名作的影子,马奈似乎想通过这种有意无意的、模仿式的颠覆去说明什么。在这幅画作里可以清晰地看到文艺复兴大师乔尔乔内的《田园合奏》,那是一幕神与人心灵交流的幻景:在宁静幽雅的山野中,两位风流倜傥的青年贵族和两位裸体仙女,以音乐合奏的方式进入和谐之境。而作为凡人的青年对她们则视若无睹,仿佛根本就不存在一般。同样,我们也可以清晰地发现对拉斐尔《帕里斯审判》的援引,右边伸出手的男子就在画里,而托着下巴的裸女似乎就是河神。正如1867年左拉为马奈的辩护中说道:“《草地上的午餐》明显来自于文艺复兴和巴洛克的绘画图示,它是一种绘画中的绘画,它致力于用典和引用的游戏。”那么,马奈想借助这种游戏述说些什么呢?那就是:如果裸体是美的,那么为何只有在神话、宗教和田园牧歌的题材下才是合法的？相反，如果它涉及当下的生活，就会庸俗化为“穿和脱”的主题而显得骇人听闻。艺术是为人和人的生活服务还是做神和宗教的奴仆？正是因为作品里隐含着这样强大的质疑力量，人们一边说这是伤风败俗的，但另一边却抵不住诱惑地一次又一次前往观看。

在一年后的沙龙展上，马奈推出《奥林匹亚》，像一个斗士一样再次挑战裸女艺术：一位赤身裸体的女人横躺在床上，她的双眼毫无羞耻地直视着前方的观众。毫无疑问，她是一个妓女，头戴鲜花，脖子上手腕上都戴着饰品，旁边还有一个手捧客人送来的鲜花的黑人女佣和一只黑猫。俗气、性欲、情色散发在作品里，这幅作品引起了舆论的巨大骚动，而且这样巨大的骚动在欧洲美术史上还未曾出现过。“卑鄙的、不知羞耻的作品”“黄肚皮的娼妓”“用印度橡胶制成的雌猩猩”“临产的太太们和良家闺秀请回避”等等，诸如此类的句子占满了报刊的篇幅。是裸女的动作惹的祸吗？当然不是。在《奥林匹亚》出现的半个世纪前，戈雅就曾画过一幅《裸体的玛哈》，画中玛哈的动作与《奥林匹亚》中的相似。是题材出问题了？《奥林匹亚》明显是模仿了提香的名作《乌尔比诺的维纳斯》。马奈原封不动地借用了提香的主题和构图，从横躺着的裸女的形态、女佣、小动物到画面的背景，两幅画的整体构图完全一致；仅有的几个不同中还包括女佣的不同，提香的画上有两个女佣，她们正在整理衣服，而马奈的画上只有一个女佣，一个黑人女佣，她正捧着也许是崇拜者送来的鲜花。为何提香和戈雅皆没有被指责而是被赞誉，可是马奈却被横加指责？马奈是想通过一幅极为不顺眼的画作向社会也向艺术提出如下强烈的质疑。

首先，裸女必须是女神、圣女，兼具良好品德和美丽容颜？绘画的主题就只能是宗教神话和历史吗？生活中的普通女子就不能进入审美世界吗？艺术应该给大家提供全新的更大的审美世界。在画作诞生的时代，也就是拿破仑三世的时代，画家画的裸女，务必是女神等有关宗教或者是有寓意性的历史画。人们已经习惯于欣赏那些躺在床上的典雅的希腊女神形象，而对那些表现真实生活中的女人的露体形态的作品则不能容忍。难道生活中的女人的裸体与女神的裸体在性质上有本质差别吗？如果没有，为何要人为地设置这样的界限，还要死守着这界限？这是一个虚伪的、说教的、专制的时代。马奈的画作正如波特莱尔的《恶之花》和福楼拜的《包法利夫人》，其中具有对这个虚伪专制的时代的揭露。

其次，绘画一定要追求三维立体造型吗？作为艺术品，《奥林匹亚》在艺术手法上也极具创造性。它对四百多年来西方绘画史的固守做出大胆反叛。马奈极力地否定西方艺术对透视、阴影、立体、厚度、三维深度空间的追求，着力表现的是一个单一的、平面的世界。马奈的这种对画面的平面性的追求，与文艺复兴以来欧洲美术致力于表现物体的深度、厚度、圆度的写实主义倾向是背道而驰的。由此，库尔贝曾赞誉《奥林匹亚》一画中的模特儿是“刚出浴的黑桃皇后”。画面整体轻巧富有光彩，有如衬托在画面深色背景上的一块明亮的压缩式立体浮雕，充满想象力。马奈在《奥林匹亚》中使形与色达成统一，放弃了在上流社会极受欢迎的脂粉气的描绘方法，将裸女画成了宠物与玩偶的混合体，这样的画作背叛了学院派的陈规，也脱离了现实主义的原则，从而为印象派奠定了基础。

就这样，马奈通过一幅幅裸女题材的画作，艰难而勇敢地将生活中普通女人的裸体引入到了绘画的世界里，一改过去的死板僵硬和伪善道德，为之后更多丰富多彩的裸女画作和绘画题材拓宽了道路。从艺术手法上讲，他摒弃了传统的写实主义和立体三维，为现代主义的到来做了铺垫。

沿着裸女之路继续前行的道路上，1907 年诞生的毕加索的《亚威农少女》如同 1905 年的相对论在科学界引起震惊一样，在艺术界引起一片哗然。五个裸体的女人聚集在一个单一的平面中。她们被解构后重新组合，就像用零碎的砖块构筑成一个建筑物一样，就好像五个人的身体先被分解成单纯的几何形体和灵活多变的色块，然后在画布上重新加以组合。她们没有一点女性形体和皮肤的美感，且充满怪异。右侧的两位裸女，一位长着一张假面具般的脸，脸和身体相比显得格外大；另一位背朝着观众，脸却扭向观众，她的手臂、颈部和手的相互关系都极不明确；女人正面的胸脯变成了侧面的扭曲，正面的脸上出现侧面的鼻子，甚至一张脸上的五官全都错了位置，呈现出拉长或延展的状态。她们呈现着单一的平面性，没有一点立体透视的感觉。她们被夸张着，怪诞着，极端扭曲的脸，扭曲变形的部位，红、黑、白色彩的对比，看上去狰狞可怕，充满了神秘主义和原始性。

毕加索这个西班牙年轻的艺术家想干什么？人们不禁要问。绘画只能审美，不能表现丑吗？女性只能表现美不能表现丑吗？绘画是一个静止的表现，不能像小说一样流动地表达一个故事吗？对人们而言，记忆是精确的还是模糊的？这些都是毕加索想要回答的，但不是关键，他最想质疑艺术的是：绘画为何一定要有三维空间感、立体感、景深感，栩栩如生？这一切，摄影技术不是都可以搞定吗？还要绘画艺术干什么？毕加索要做的是一番伟大的事业：用画面的平面性彻底取代现实的三度空间。消解深度，消解立体感，消解逼真。几何体，到处都是几何体……主要是菱形……肉体和衰老只是错觉，时间已经消失在立体和抽象之中。毕加索挑战的是长期以来的艺术传统或传统艺术。

《亚威农少女》试图给我们创造的是这样一种从未有过的审美体验。既是对马奈、塞尚道路的继续，也是对马蒂斯用色彩解构传统艺术的回应和竞争，更是对二十世纪初以相对论的诞生为代表的汽车、飞机等科技高速腾飞与艺术停滞的巨大不平衡的抗争。1907 年的《亚威农少女》深刻隐喻了时代的特征：新世界与旧世界从来没有像现在这样，如此不同。如果说马奈的裸女看上去随时都可能退缩到画布深处，那么毕加索的少女则没有给自己和观看者留下任何余地：只有前进，膨胀，撑破画面。对于置身于这场斗争的双方来说，巨大的异物就在眼前，要么与之决斗，要么融入对方。这是一个狭路相逢的时代，艺术不可能继续蜷缩在"过渡期"的蚕蛹里，艺术家被要求立刻行动，而不是准备行动。从这个意义上讲，《亚威农少女》是毕加索的立体派的宣言，为二十世纪整个一百年的现代主义运动吹响了号角。

现代主义的号角继续嘹亮着。1917 年，在纽约独立艺术家协会举办的一次展览中，作为评委之一的赫赫有名的法国艺术家杜尚化名"R.Mutt"，送去了一个在公共厕所中随处可见的男用小便器，命名为《泉》。这件作品立刻遭到了独立艺术家协会的拒绝。这便是轰动一时的杜尚的《泉》的故事。

杜尚想干什么？是在诋毁艺术吗？这明明是一件现成的工业品，怎么会是艺术？杜尚是在剽窃！可是，我们知道，在之后距离快一百年的2004年，在英国艺术界举行的一项评选中，杜尚的作品《泉》打败现代艺术大师毕加索的两部作品成为二十世纪最富影响力的艺术作品。为何？杜尚用这个现成品向人们、向艺术提出了怎样的本质的质疑？

到底什么是艺术品？什么是艺术？艺术与生活的距离有多远？如果“小便器”是艺术，还有什么不是艺术？如果没有什么不是艺术，那就什么都是艺术。如果什么都是艺术，也就意味着什么都不是艺术。如果什么都不是艺术，那么，艺术也就只剩下对艺术本身所发出的质疑和追问了。正如杜尚的书面答辩：“这件《泉》是否我亲手制成，那无关紧要。是我选择了它，选择了一件普通生活用具，予它以新的标题，使人们从新的角度去看它，这样它原有的实用意义就会丧失殆尽，却获得了一个新的内容。”它的意义在于将生活中的现成品提高到艺术品的高度加以肯定，现成品艺术成为杜尚最重要的艺术观念。它标志着生活和艺术的界限的取消，生活就是艺术，为艺术也为生活开创了一个异乎广大的空间，为后来的波普艺术开了先河。

在毕加索和杜尚的身上，充满了伟大的质疑精神和问题意识，他们像勇敢的斗士，不断质疑艺术，拷问艺术，赋予了心灵不断扩大的自由。**把图像作为艺术，把解释图像作为艺术史——这一从古希腊建立起来的传统在科技一路凯歌、心灵需要重建的二十世纪必须被终结**。摆脱古希腊的模仿，抛弃形似，分析对象，根据需要，重构全新的事物，这便是毕加索；从一无所有中重新定义艺术，在不受影响不受限制的精神状态下重新自觉，生活就是艺术，这便是杜尚。现代艺术用质疑与问题终结了几千年的传统艺术，为艺术赋予全新的解读：**艺术是探索人类精神的方式和战场**。**用实验精神做先锋**

的探索。这是现代艺术的宣言。

读到这里，我们不该称赞艺术一路从未停止的发展吗？不该被艺术家的质疑精神感动吗？还会轻佻地说“艺术家就是标新立异”吗？不会内心也涌现出质疑的力量从而长出自由的翅膀吗？这就是，**艺术的力量，直击心灵的力量**。

正如《艺术的力量》的序言所写：“**伟大的作品有其可怕的一面……最伟大的画作冷酷无情，诡计多端，它们会锁住你的咽喉，让你的沉着无处藏身，然后迅速行动起来，让你失去对现实的正常感觉**。”伟大的作品往往是直击心灵，震撼心灵，从而对心灵进行改造，扩大，放飞。

木心说：“**没有审美力是绝症，谁也救不了。世俗越粗糙，越需要有情趣的生活**。”

没有家园，心注定要流浪。爱上艺术，爱上的不仅是审美，更是赋予了心灵真正的自由和强大的创造力，给心灵广阔的家园。

独创性之：质疑松绑精神，问题放飞心灵——艺术维度（上）

独创性之：质疑松绑精神，问题放飞心灵——艺术维度（中）

独创性之：质疑松绑精神，问题放飞心灵——艺术维度（下）

第8讲

独创性之：问题意识兑现无限价值

——从“不能输在起跑线”到九子图

经过了从哲学史、科学史以及艺术史的角度对质疑精神和问题意识在创新中的动力分析后，大家或许会说，我们不是科学家、哲学家，也不是艺术家，问题意识与我们的生活和工作有什么关系？我想说：“一旦我们具备了强烈的问题意识，我们就具备了用问题看社会的能力，就能够在问题意识的引导下，促进我们看清社会，看清自己，把握机会，把握自己，从而把握未来。”美国实用主义哲学家威廉·詹姆斯说：“**哲学是个非常奇妙的东西，虽然不能用来烤面包，但却有‘兑现价值’**。”我援引他的话来说：“**高度的问题意识不是为了琐碎生活和工作，但一定可以在生活和工作的各个方面兑现其丰富的价值**。”

首先，什么是高度的问题意识？如何具备？如果说问题意识就是提问的意识，就是好奇心，就是一个人与生俱来的能力，那就再普通不过了，尤其是在孩童时期，“为什么”伴随着我们成长。反过来，一个人如果从来不问为什么，那倒是不合理的。一个家庭主妇在做菜做饭的过程中一定会问“怎样将西红柿炒蛋做得好吃”之类的问题，不断地问，不断地摸索，不断地实践，技艺就会提高，这是日常生活中的问题意识。一个员工或许会问："为何我和他一起进公司，同步发展，今天他却成了我的上司？"问这样的问题也是正常的，只有问了，并客观分析了，才能让自己进步。学生朋友常常问我："为什么我从小就培养孩子读书的习惯，可是到今天他也不爱看书？""为什么你可以在有限的时间里做那么多的事？"由此可见，问问题是每个人都会干的事，关键在于问的是怎样的问题。如果问的都是琐碎的问题，那么就永远生活在琐碎里；如果问的是部分的问题，那么就永远不可能具有对事物、对生活的整体考察，从而陷入迷惑与困顿之中。

正如，前阵子电视剧《我的前半生》热播，网络上热议不断，但是议得不太有水平："要不要做全职太太？""做个全职太太就是错误人生的开始。""女人只能靠自己。""如何消除婚姻的不安感？"凡此等等。我自然联想到了之前网络上的辩论：时刻保持联系是不是情感的暴政？难道没有发现，情感与尊重，爱情与婚姻，爱情与自由等等更为抽象的复杂问题已经浮出水面，亟待解决？遗憾的是有些人没有能力意识到。所以，我觉得这些浓缩成一个大问题就足够了，那就是：在复杂社会背景下，女性应该如何理性地重塑自我？这是一个很大的社会学问题，也可以说是一个哲学问题，涉及的不仅是婚姻和爱情，还有与家庭社会相关的方方面面的伦理问题，如婆媳、母子关系，社会角色和家庭角色的转换等等。如果我们有能力把生活中的细节与琐碎上升到一个普遍性的问题从而加以理性分析的话，我们的生活才能走出琐碎，获得井然有序的踏实感。事实却是，很多观众不会，只会纠结于一件事、一句话，或者直接拉出道德律令"忘恩负义""白眼狼""陈世美"等为自己的脆弱和不自信助威，就连网络上写文章的知识女性，有一些同样缺少对社会问题的高度把握，这样的文章写得再多，读得再多，一定有多少意义吗？一边少不了讨巧的媚俗，一边避免不了虚假的自我满足。

读过上面几个章节的朋友一定会同意，哲学家、科学家、艺术家所提的问题都是普遍而抽象的，因而极有高度，由此，他们活得比普通人更超脱，更有价值。那么，如果我们也能够从他们那里获得一些启示，从而跳出生活的具体与琐碎，问一些具有形而上学色彩的问题，是否可以让自己更超脱更自在呢？这一点，对女性来讲，尤为重要。**由下自上，是一次气喘吁吁的艰难的攀登；由上而下，则是一次说走就走的轻快的旅程**。探访哲学，探索艺术，学学科学与知识，给自己建立起人生的高度和广度，时刻可以快乐下行，投入到具体的生活世界里。我常常说，**从问的问题可以看出一个人的层次，一个人的修养，乃至一个人的幸福度**。

其次，谈谈如何让问题意识兑现价值。**问题意识下，我们需要彻底质疑的有：常识、概念、未经检验的预设前提、流行的观点**。

我们先以流行的观点为例。所谓流行的观点，就是大家都习以为常普遍接受的观点。有一次课间，几个母亲走近讲台跟我聊孩子的教育。她们好奇地问我："金教授，刚刚从你的语言里丝毫听不出带孩子的艰辛，可是却把他培养得那么好，有什么方法啊？""你们觉得很辛苦很累吗？"我问。"是啊，那当然。"她们说。接下来她们诉说了各种辛苦和奔波，无非就是不计其数的培训班、课后作业辅导等等。当我问及为什么那么累时，她们异口同声地说："人生不能输在起跑线上。""哦！那么请问，起跑对什么重要？""起跑对短跑尤其是五十米赛跑起到决定性作用，对长跑意义比较小，于马拉松而言基本没有意义。"她们回答。"那么，再请问，人生是五十米赛跑还是马拉松?”“那还用说，肯定是马拉松啦。利群的广告说得好：人生就像一场旅行，不必在乎目的地，在乎的是沿途的风景和看风景的心情，利群——让心灵去旅行。”“好！现在你们自己说出了两个观点：一是起跑对长跑没有决定性意义，二是人生是长跑。那么，就理所当然地应该得出结论：起跑不决定人生，也就是说‘人生不能输在起跑线上’这句话的普遍性是有问题的，至少，我们不能把它当作至理名言来遵循。如果我们还是坚持原来的观点的话，说明我们不听从自己的理性分析，就如同睁着眼睛说瞎话。或许你们会说‘老师你说得对，但这只是理论分析上的正确，现实与理论有距离’，这个理由貌似有一定的力量。但是，如果你对身边成功的人进行分析的话，你会发现，在幼儿园、小学乃至初中、高中包括大学的成绩意义上的起跑，跑得快的作用并不明显。我考察了身边那些优秀的人，有建筑师、教授、医生、企业高管以及政府官员等，在达到一定的学习能力的基础上，他们身上共同的特点有两个：一是找到了适合自己的职业，因而带着兴趣把职业做成了事业；二是专注和执着，认准一个目标长时间地坚持和努力。当然，我并没有说，起跑越慢越好，而是说，在起跑的速度与持续能量和潜能的累积上需要有个平衡，既关注眼前的快又要立足于长远而持久的加速。如果只看眼前，用不断的重复学习和提前学习在难度不大的学习上获得相对于别人好一点的成绩，不顾综合能力和道德修养的培养，让一切为成绩让路的话，这样的快速的起跑是有碍于成绩的提高以及全面的成长的。我没有说‘人生不能输在起跑线上’完全是个错误的命题，不是所有起跑快的孩子都没有出息，只是想提醒大家，它不是一句真理，你家的孩子该怎样起跑，您得自己分析自己思考。”“老师，您说的真有道理，我们之前就从来没有想过这句话有问题，现在想想，还真有问题。”看着她们恍然大悟，我继续说下去：“今天的社会与过去有了很大的不同，家庭条件尤其是父母的知识水平和认知能力在一个孩子的成长中起到了越来越大的作用，教育从原来的‘学校80%，家庭20%’转变成了‘半分天下’，家庭的比重甚至还在继续增加，从这个意义上讲，出生在什么样的家庭有怎样的起跑，似乎越来越起到关键作用。正如热议的话题‘贫寒再难出贵子’，在浙江大学这样的好学校，底层家庭的孩子越来越少。这不仅仅是指家庭在物质上投入的多少，更重要的是在观念也就是世界观、人生观和价值观上的差异。面对这样不争的现实，作为家长，更需要知道，要培养一个优秀的孩子，首先自己要努力进步，跟孩子一起成长。”

在我们的思维深处，存在着些许矛盾和不协调，身处纷纭的世界，我们不一定具备理性去剖析和甄别的能力，可是，因为冲突的存在，往往会使我们陷入困惑、茫然，感到疲乏。当我们用理性勇敢地直面冲突并调和它们的时候，我们就在向有条不紊和踏实沉稳迈进了。上述的聊天方式就是著名的苏格拉底的助产术：通过不断地发问，在对方的回答中找到矛盾和冲突所在，从而带着对方一起从这里出发去反思质疑自己原有的思维和观念，达到清晰和有序。

我们再看看未经检验的预设前提。先来做一道题。要求：用四条直线把所有九个点连接起来；不能移动任何点；连线必须一笔完成；连线画完前，笔不能离开纸面。

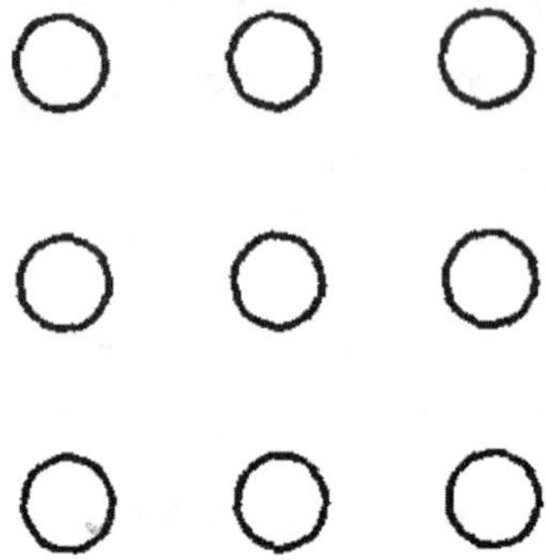

如果不加任何暗示的话，同学们马上会行动起来，不管用手指画还是眼随心走。一般来说，我们会从左上角的点开始画横线至右上角的点，一条直线用掉了；然后向下拐 90 度下行至右下角的点，第二条直线用掉了；然后向左行至左下角的点，三条直线用掉了；再上行至左边中间的点，四条线全部用完了，可是最中间的点没有连起来，需要五条线。这是最常规的做法，人们往往会不自觉地遵守如下几条规则：横向的直线或竖向的直线优先于斜角的直线（受方方正正的思维习惯影响）；从左到右，从上至下（受方块汉字的书写方式的影响）；线条从点开始至点结束，也就是说，线段在 9 个点里（受几何线段知识的影响）。正是因为这些被生活和教育潜移默化形成的常规思维，所以，我让同学们做此题，第一时间像上述方法这样想的同学占了很大的比例，有一些看似不同，只是方向和起止位置不同。

大家知道5条直线是很容易做到的，如下图：

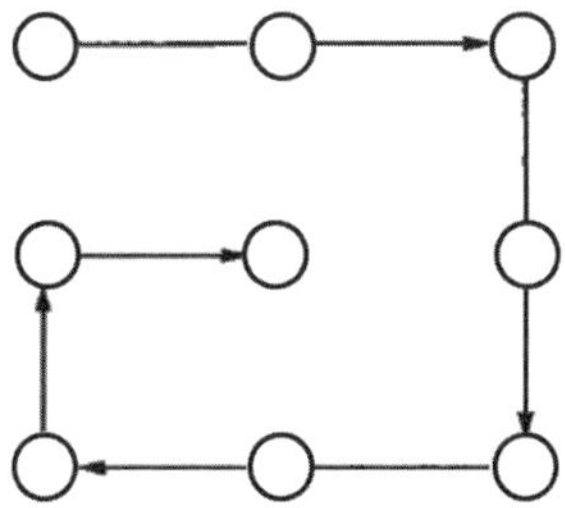

显然，这样是不可能用4条直线完成的，怎么办？因为碰壁了，所以，我们会尝试突破。首先，直角拐弯不行，我们可以试试走对角线，还不行！四条线的难度真的不小，很多人一筹莫展。难道线段可以超越点？谁说直线只能以这九个点为端点呢？回头一看，题目的四个条件根本就没有说直线不可以超越点。既然这样，我们不妨大胆地试一试！

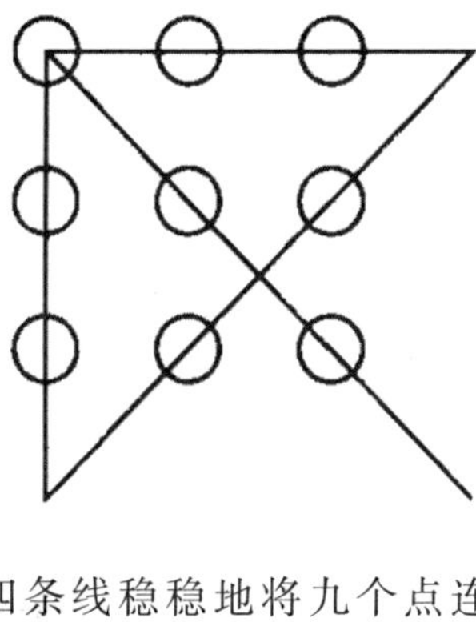

果然行得通！四条线稳稳地将九个点连了起来，一个不落。这里，既没有脑筋急转弯的机智，也不存在偷换命题的狡辩，它符合了一切的规则，可我们为什么做不出来呢？这个答案后面真正的意义是什么呢？——我们总是在一贯以来形成的经验和常识下生活和思考，预设悄无声息地存在并影响着我们的思与行。什么是预设？预设又称为前提，指的是说话者在说出某个话语或句子时所做的假设，即说话者为保证话语或句子的合适性而必须满足的前提，它是由德国哲学家、现代逻辑奠基人弗雷格于1892年提出的。“X预设Y，就是指：Y是X的先决条件。”比如，“这只鸟的翅膀很漂亮”预设着“鸟有翅膀”，“抽烟有害于健康，所以要尽量减少吸烟”预设着“健康是人们共同的追求”。可是，预设一定靠得住吗？当问题解决不了，或者我们的做法行不通时，我们需要冷静地思考，检查一下自己思维里面的问题包括预设是否正确。

如果可以做到理性地面对习惯和常规，那就有条件超越习惯和常规，从定势思维里跳出来。如同上面的例子，人们在惊讶自己不自觉地陷入九子图边界的惯性思维的同时，发现了隐匿在思维深处的障碍，这是一种无形的边界，它之所以难以逾越是因为人的思考会屈从于一种前提性假设——尽管问题中并未规定直线的长短以及是否可以逾越，但思考总是倾向于将九子图当作封闭的整体。九子图的边界与人们头脑中无形的框式不谋而合了。边界就这样作为前提被无意识地限定了。每个人的话语里面都蕴含着不同的预设，因此，**一方面要善于去剖析别人思维底层里的预设从而把握他的意思，另一方面要勇于直视隐藏在自己思维深处的预设前提，从而达到清晰而深刻的自我认识**。

同理，每一个学说和思想体系，无疑是建立在一系列预设前提的基础上。所以，批判一套思想体系最直接而又最致命的途径就是找到它的预设前提，然后加以质疑和反驳。这时，对方就会陷入一种困境：继续往前追溯自己的预设前提并为之建立更为真实的论证，如果做不到为自己的预设提供进一步的论证，就只能陷在自己的学说里反反复复从而被人们揭露出其逻辑上的“循环论证”，或者丢盔弃甲认输了。这就是理性的力量。当我们在讨论某人是否智慧的时候或许面临纷争，争论的本质或许就在于两人对“智慧”的构成的理解截然不同：一个认为智慧就是恰到好处、四平八稳的中庸之道；另一个认为智慧是理智客观的思考和行动。前者多一点东方哲学的“心”，后者多一点西方哲学的“知”；前者多一点人际关系和情感，后者多一点规则和论证。正确的预设，既是理性认识的结果也是其基础。一方面，我们需要建立科技史观，提升科学素养，这样才能把握科技前沿，推动科技创造美好生活。另一方面，我们需要提升人文素养、艺术修养和哲学思辨能力，从而洞悉人与社会的复杂性和变化性。如果缺少这两点，对今天的一切是无从评价和把握的。理智地反思一下自己，敏锐地发现一下对方，我们才有可能突破不为人知的无知。这便是最基础的超越：对预设前提的超越。

用高度的问题意识看社会，看世界，自然会清晰地把握社会存在的问题，而这些问题就是机遇所在。**问题是机会成长的土壤**。问题在哪里，创新就在哪里。记得我从美国回来后，有一次与朋友喝咖啡闲聊，“你们可以把买的房子卖掉了。”我说。“为何？难道你认为杭州的房价到顶了？”朋友问。“不是，我从来不同意参照美国房价的各项指标来简单评价中国的房价，按照黑格尔的话来讲，彻底的批判是对理论潜在前提的批判，中国人和美国人不一样，尤其是在房子的态度上。我只是觉得，房地产会在‘地段’这一牢不可破的核心参数上再增加一个参数，那就是‘高端’。”“为何？”我做了如下的分析：房地产经历了这些年的高速发展，面临了一系列的问题。高额的土地拍卖该如何运作下去？无论房子的设计建造装修还是物管的品质是否存在拉大差距的可能性和需求？市中心的土地如此稀缺。以居住在杭州这样的城市为代表的新一代的富人是老一代草根企业家吗？他们更喜欢的是乡村的田园还是都市的繁华？还有一个问题是最最关键的，基于对历史、对社会的全局性的考察，中国经历了快速发展的几十年，是追赶别人几百年的几十年，快速中不可避免地夹杂着失序，乱哄哄地一路奔跑，一旦慢下来，也不得不慢下来，就一定会做一件事，就是整理自己的队伍。找朋友既是一种分离，也是一种聚合，志同道合的在一起，不合适的分开，我们正在走向一个区分阶层、形成阶层、固化阶层的时代。当然，阶层涉及的不仅是物质和经济，还有文化与价值。中国过去几十年是没有阶层的，只有有钱和没钱的区别，或者因工作岗位不同而形成的差别，这些都不是严格意义的阶层。如何解决城市新贵新阶层的住房要求？这是迫在眉睫的问题，加上房地产发展本身的需求和可能性，二者一拍即合，在地段的基础上增加一个参数“高端”是大势所趋。房地产是社会发展的一个方面，自然会首先响应时代的需求，解决时代的问题。事实上，大家现在买房的时候常常是把地段和高端放在一起考虑的。既然高端住房产生了，高端物业必须产生，高端家政也必须产生。而事实上，真的解决问题了吗？物业是升级了，家政还是换汤不换药。记得有一次给四川省委组织部的一个现代服务业的班级上课，随堂提了一个问题：“保姆的孩子以后还会做保姆吗？”讨论的结果是：按照现有模式的话，保姆的孩子继续当保姆的可能性降低，供需之间存在矛盾，要化解矛盾，就必须改变传统的保姆模式，这就是机会。

问题意识可以极大地兑现价值。带着这样的问题意识，我们可以不断地发现问题，一直问下去，然后在问题引导下去实践。人工智能的时代一步步走来，原有的工作岗位和社会结构会怎样改变？哪些会首先被取代，哪些慢慢被取代，哪些不可取代并走向繁荣？80后、90后乃至00后这一群人与他们的父辈之间有何差别？这种差别会为企业带来哪些危机哪些机会？当80后、90后越来越担心中年危机、不相信爱情、恐惧婚姻的时候，是否表明了中国这个时代的年轻人开始陷入二十世纪西方社会因虚无而缺失存在感的老话题？文化艺术和情感教育是否暗藏商机？在自由民主的呼声不断与伦理道德较劲下，人与人的关系会怎样？会产生哪些社会问题？这些社会问题会催生哪些商业机会？

身处这样一个新旧交战、中西融合的复杂时代，有太多的问题需要我们去感知，去面对，去努力解决。我能做的是用文字把这些写出来，对大家而言，或许是对企业发展的趋势和方向的把握吧。偶然看到国务院参事、清华大学经济管理学院院长钱颖一就“创新人才教育”议题进行的主旨演讲，他说：“对于创新人才的教育，有三个十分重要的因素：知识、好奇心和想象力、价值取向。”由此，问题意识为创新提供了强大的动力，问题意识的培养为中国教育改革指明了重要方向。

问题意识让我们站在今天，为明天而思考，而准备。

独创性之：问题意识兑现无限价值——“人生不能输在起跑线上”

独创性之：问题意识兑现无限价值——九子图

第9讲

联动性之：从思维三部曲到六色思考法

人们往往认为创新思维的特点就是独创性，而我一直认为，联动性也是一个重要的特点，是深层次的特点。所谓联动就是由此思彼、举一反三、触类旁通。顾名思义，联动性是强调创新思维因为深度和广度而具备的高效性。根据联动发生的路径我们将其分成了三种：纵向联动、横向联动、逆向联动。2W1H 的思维三部曲构成了纵向联动的重要内容。

纵向联动是从纵深处去认识、追问本质的一种深度思维。深度思维不能仅仅停留于表面，停留于现象和部分，停留于意识层面而不去行动，因此，它要求我们面对生活和社会现象时沿着“What 是什么？—Why 为什么？—How 怎样做?”的脉络进行追问。

首先，**第一个 W 是“是什么”**。就是从现象到问题的抽象过程。这是认识的起点，也是重点。生活是一个大讲堂，给了我们认识的源泉，但是，生活是细碎的，世界总是用具体的部分的方式呈现在我们面前，因为我们没有一眼万年统揽一切的能力。如果我们不能让自己超越生活的具体和细碎，不能让自己多一点理性，那么，就很难获得对我们有益的认识。当母亲看见女儿开始偷偷地照镜子的时候，她是否意识到了“哦，小女儿长大了”；当母亲看见女儿走进自己的房间悄悄地把房门一带的时候，她是否意识到"哦，小女儿想要私人空间了"；当母亲发现女儿开始讨论漂亮小男生，手机上的屏保也被其取而代之时，母亲是否意识到"哦，她开始对异性感兴趣了，因为长大了"；终于有一天，女儿把房门关了起来，并且婉转地要求："妈妈，你进来时可以敲一下门提醒我一下吗？"作为母亲，这一刻她会怎样反应？生气，愤怒，发脾气？这一切，如果没有特别的事情的干扰，基本就是一个问题：青春期到了，小姑娘摇身变成了有心事的少女。她不是不爱我了，只是，她开始有了秘密，她不知道如何处理心里的秘密与原来的固有的生活之间的关系，新加入的情感与原来的父母情感之间构成了复杂关系。作为母亲是否意识到自己是她最可依赖并寻求帮助的人，特别需要好好帮助她走过青春期？但是，认识到这一点，需要智慧，做一个有慧心的母亲，谈何容易？这样的认识，是母女结伴幸福走过青春期的开始。

其次，**第二个 W 是"为什么"**，是原因分析。"是什么"与"为什么"从来是分不开的，没有对原因的深刻分析就无法正确地认识问题本身。如果没有对青春期的客观认识，就无法将上述现象理解为青春期问题。在整个过程里，母亲都面临着多重原因的思考和选择：是不爱我了？是早恋了？是长大了与我有隔阂想要疏远我？是遭遇了什么特别的事导致心理问题？……最终如何认识，是一个复杂的过程。原因的分析和问题的认识是唇齿相依的，都依赖一个人的慧心，而最终，决定的是怎么行动。

第三个 H 是"怎么做"。认识决定了行动。如果母亲认为孩子是不爱自己了，或许就是黯然落泪或者破口大骂，强行干涉孩子的生活，这样只会让母女间的距离愈来愈大，表面的隔阂有可能演变为心灵的鸿沟。如果认为这是青春期心理的表现，那就应该拿出一位母亲的胸怀和气度，在反思自己行为的基础上，用好的办法帮助孩子处理这些矛盾，走出青春期的困惑，用恰当的方法给孩子这个年龄需要的爱和温暖。说实在的，中国社会的青春期教育是不够的，孩子大多是在自我纠结以及与父母的紧张关系中摸索度过，这里面的主要原因是家长缺少对青春期的认识，也没有好好地经历过青春期的辅导。

生活需要沿着"问题—原因—行为"的轨迹展开，商业与市场、社会管理与产品研发、做企业与做管理是同样道理，随之而来的是踏实与清晰。休闲时去家门口新开的综合体商场逛逛，看见了一家新开张的饮品店"弥茶"，顺便点了一杯最漂亮的，实在是漂亮，忍不住拍照并发到了微信朋友圈。没想到，"点赞"如云。"哇，弥茶。""金老师，你也爱弥茶啊？"我一看，评论"点赞"的基本全是年轻人。"你知道吗？弥茶现在很火很火，要排很久的队才可以买到。"我姐姐的女儿告诉我。"特别好喝？我觉得还行，但不惊艳。"我说。"本来就不是说特别好喝，现在有什么特别好喝的啊？就是感觉，感觉，阿姨你懂的呀！"我当然懂！除了"弥茶"，还有差不多的"一点点"，还有24小时不歇业的"全家""始全始美"等等，不是都慢慢热起来，地段好的甚至是宾客如云吗？这说明了什么？一个我长久以来等待解决的问题正在被市场慢慢解决：如何让中国的产品升级？包括饮品升级。

当孩子还小的时候，我们也常常去肯德基，现在是偶尔去必胜客。每次婆婆总是说一样的话："比萨有什么好吃的，还不如我做的大饼。"比萨是比萨，大饼是大饼，各有各的味道，不可同日而语。但是，为何我们的大饼就那么便宜呢？我家附近开了三家星巴克，家家生意不错，当然，去的都是比我年轻的，他们常常叫我姐。“你们那么喜欢咖啡？”“还行吧，主要是氛围和感觉。”“什么感觉？茶馆里没有吗？”“没有，说不清楚。”其实，我说得清楚。就是时尚、休闲、轻松的都市感和小资情调。茶馆里有吗？好像比较少。装修得老气横秋不算，现在的年轻人是在牛奶面包和大饼稀饭的混合体中长大的，他们会汉语也会英语，满身的品牌有中国的更有国际的，那种苦苦涩涩的茶，与他们有距离。他们需要在茶里加一点奶和蜜。更重要的是，他们需要品牌在定位上像星巴克一样贴上时尚、中高端、文艺的标签。虽然几十元消费一杯饮品的年轻人远远没有父母有钱，但是，这一代人愿意花钱，舍得花钱，某种程度上讲他们不像父母那辈看重钱，更注重的是自己当下的生活。一句话，中式饮品需要走中西结合提升档次的道路，原因就在于不同时代下成长的人的不同需求。我自己一直保持着年轻的心态加入年轻人的行列，同时，读书让自己始终行走于中西方和古今之间，自然看得清楚一些。

如今，不仅饮品首当其冲在完成消费升级，“全家”“始全始美”“YUKI”“喜士多”等也在写字楼的世界里成了一道时尚的风景线，还有包子卖成汉堡价，大饼比肩比萨……一切都在进行中。

在怎么做，也就是 How 这点上，我打算引入一个实用的方法：六色思考法。这是在英国学者爱德华·德博诺博士开发的思维训练模式“六顶思考帽”的基础上做了调整，是一个全面思考问题的模型。**它提供了“平行思维”的工具，遵循“白色—黑色—黄色—红色—蓝色—绿色”的次序，让思维高效运行，避免将时间浪费在互相争执上。强调的是“能够成为什么”，而非“本身是什么”，是寻求一条向前发展的路，而不是争论谁对谁错**。为了便于理解，我们以要不要出国留学为例。

首先,**白色思维**:中立而客观地提出问题。比如:要不要出国留学?其次,进入负面的**黑色思维**:发现缺点和不足,做出风险评价,指出遇到的困难。总而言之,黑色思维问的是"哪里有问题?""有哪些问题?"结合留学就是:出国留学费钱,远离家人感到孤独,还有潜在的安全因素等。反之进行积极的**黄色思维**:从正面出发分析总结优势与机遇。如:出国留学有利于国际化,增强个人的自主性和增加就业的砝码等。在正反两方面的全面分析之后,感性决策的**红色思维**必不可少:我还要不要做这件事?尽管分析过了利弊,就算弊大于利,我到底要不要做这件事呢?人做决策从来不是仅仅因为得失和利弊,情绪情感也会发挥重要作用。这一刻我们需要在经历理性之后丢弃理性:我终究要不要出国?不管有多少风险,可是我还是想去,否则会遗憾终身。如果回答是要做这件事,那么,就进入第五个阶段:理性的**蓝色思维**。我要为决策担负起责任和使命,具体思考"下一步是什么",制定方案,落实行动,我需要列出一个计划、一个时间表:出国留学具体需要做哪些准备,分几个阶段。如果是企业决策,就需要团队在调查、研究的基础上制定详尽的策划书。为了避免陷入狭隘和死板,我们始终要为自己留下余地,那就是**绿色思维**:我们还有其他方法来做这件事吗?我们还能做其他什么事情达到同样的目的吗?有什么可能发生的事情吗?有什么方法可以克服我们遇到的困难?绿色思维可以帮助寻求新方案和备选方案,修改和去除现存方法的错误,为创造力发挥作用提供时间和空间。

这就是六色思考法,它会使混乱的思考变得清晰有序,使团队中无意义的争论变成集思广益的创造,使每个人变得富有创造性。不同的颜色分别代表着不同的思考真谛。创新的关键在于思考，从多角度去思考问题，绕着圈去观察事物才有可能产生新想法。就像彩色打印机，先将各种颜色分解成基本色，然后将每种基本色打印在相同的纸上，就会得到彩色的打印结果。同理，我们对思维模式进行分解，然后按照每一种思维模式对同一事物进行思考，最终得到全方位的"彩色"思考。

联动性之:从思维三部曲到到六色思考法

第10讲

纵向联动之：智慧经济

这么多年，习惯了这样的生活方式：看书学习勤于思考，体验生活脚踏实地。在运用三个W看世界的过程中，会不可避免地思考一个问题：二十一世纪的科技会走向哪里？我们的生活会怎样一幕幕地展开？社会的新问题是什么？陆陆续续提出了如下几个概念：智慧经济（Intelligent Economy），体验经济（Experience Economy），分享经济（Sharing Economy）。为何提出？如何面对？后续我会专门阐述。这里，我们要说一说的是智慧经济。

当手上拿着的已经不再是传统的只能打打电话发发短信的诺基亚、摩托罗拉的时候，当iPhone受年轻人追捧的时候，智能手机决战传统手机，移动式互联网对决传统互联网的号角已经吹响：**智慧经济以手机的方式向我们袭来**。当初，感知到这点的人是少数，今天，大家全部明白了。而我，是个幸运者，幸运的是出国到斯坦福大学留学，邂逅iPhone，展开了对新的科技时代的分析和预判：七十年代互联网和计算机改变了世界，作为从未有过的强大力量改变了世界，超越了时空限制，当网络不再是在电脑里而是握在手上时，世界生活是否同样会被深刻地改变？答案是肯定的。从那一刻起，我就萌生了对智慧经济的想象。2010年，在一次企业家沙龙上，我脱口而出："我们正走向智慧经济。"当时的我对趋势的把握是不够清晰的，大家也不是很理解。今天，所有人都懂了：手指动动，货物从世界各地送到门口；想找人聊天很方便，而且是图文并茂；足不出户便能知道天下事……我们的生活被科技带动着走向智慧。在手机创建的这样一个平台上的智慧经济从来不会停止，只会延续，延续下去的新生科技力量是什么？它们会给我们带来怎样的机遇便利，反之又暗藏哪些杀机？人和社会需要做哪些准备？这些是我们在这个时间点需要围绕智慧经济展开的讨论。

哪些技术将是面向未来、目前正一步步走来的？哪些技术是推动智慧经济发展的最强劲的动力呢？人工智能一定是，而且是核心；此外，人们会泛泛地说出一堆：大数据、云计算、机器人、高铁、无轨列车、空间技术（上天入地下海）、量子信息技术等。这些对吗？当然是正确的，只是这些技术的边界不清晰，列举时或许缺乏一点系统性。为了更全面和准确，我们可以参照一下前段时间美国公布的一份长达35页的《2016—2045年新兴科技趋势报告》，排在首位的是**物联网**。最保守的预测也认为在2045年将会有超过1000亿的设备连接在互联网上。这些设备包括了移动设备、可穿戴设备、家用电器、医疗设备、工业探测器、监控摄像头、汽车等。它们所创造并分享的数据将会给我们的工作和生活带来一场新的信息革命。与此同时，联网设备也将把目前许多工作，比如监视、管理以及维修等需要人力的工作自动化。物联网、数据分析以及人工智能这三大技术之间的合作将会在世界上创造出一个巨大的智能机器网络，在不需人力介入的情况下实现巨量的商业交易。第二位是**机器人与自动化系统**。在2045年的地球上，机器人和自动化系统将无处不在。自动驾驶汽车会使交通更加安全与高效，各种机器人充斥我们的生活，代表就是著名的AlphaGo(阿尔法围棋)。第三位是**智能手机与云计算**。智能手机与云计算正在改变人类与数据相处的方式。比如目前的美国，大约有30%的网页浏览和40%的社交活动是通过手机进行的，原因之一就是具有各种可以测量天气、位置、光度、声音以及生物特征功能的智能手机。随着手机的用途越来越广，功能也越来越全面，移动网络的铺展也将加速。到2030年，全球75%的人口将会拥有移动网络连接，60%的人口将会拥有高速有线网络连接。移动终端的发展以及移动网络的扩散，也会进一步推进云计算的发展。云计算可以在零投入的情况下给用户带来强大的计算能力。在未来的30年里，基于云的移动计算将会改变从医疗到教育的各行各业。比如人们可以通过手机来进行体检并与云端的诊断软件直接沟通，人们也可以在手机上使用教育软件来学习新的技能，农民们甚至可以通过手机连接实时气象数据，通过云端软件计算出最优的收割时间。但是，这一切都需要极高的网络安全性、可靠性以及流量。商业用户以及个人用户也都需要习惯把数据上传到云端。

这就是被排在前三的技术，它们似乎已经给我们未来社会的发展状况刻画了一个大致的场景。之后分别是：智能城市、量子计算、混合现实、数据分析、人类增强、社交网络、先进数码设备、先进材料、太空科技、合成生物科技、增材制造、生命医学、新能源、食物与淡水科技、对抗全球气候变化。该报告的发布不仅帮助美国相关部门对未来30年可能影响国家力量的核心科技有一个总体上的把握，还为国家及社会资本指明了科技投资方向，以确保美国在未来世界中的战略优势。结合这样一个强大的技术军团，我们应该可以把未来的图景勾画得比较清晰了，而不仅仅是靠想象。

无疑，这些技术构成了智慧经济的主体。在技术不断推动下，人们的生活越来越便捷，人们拥有越来越大的世界，不断地挑战和超越时空极限，这是科技与生俱来的目的，也是科技的魅力所在。在悦享科技创造美好生活的同时，它们为我们埋下了哪些隐患呢？目前，社会各界均出现了不同程度的担忧，而这些担忧不是捕风捉影，如果不防患于未然地去面对、缓解、消解，会给社会和每一个人的幸福感打上大大的折扣。我梳理了一下，主要有如下几个方面的问题：

1. 个人信息安全。物联网、智能手机、云端信息等无疑会在经济发展、公共安全以及个人生活等方面有所助益，但它们也会加重人们对于网络安全和个人隐私的担忧。这不仅为恐怖分子、犯罪集团以及敌对势力提供了新的攻击手段，其所包含的大量数据也会诱惑政府去实施针对人民的监控，从而进一步地引发隐私和安全之间的对抗。

2. 原有的工作岗位被机器取代，下岗失业现象严重。机器人不仅会负责日常生活中大量的任务，比如照顾老人与买菜、收获农作物、维护公共设施。随着机器人的机动性、灵敏度以及智能程度的提高，它们将成为强大的战士，在战场上辅助，甚至替代人类士兵作战。人工智能软件则会被应用到商业上，例如从数百TB（太字节）的数据里面提取有意义的信息，使商业服务自动化，以及替代诸如客服、教师等传统意义上“以人为本”的职业。机器人与自动化的确是把人从“程序化”的工作里解放出来了，但是，也会带来许多的危机：数百万工作岗位被机器取代的下岗职工如果安排不好，将会给社会造成极大的冲击，导致经济与社会的不稳定。自动化网络系统则会成为各个敌对势力相互攻击的主要突破口。在冲突中使用机器人和自动化系统则有可能造成极大的伦理和文化挑战。

3. 虚拟世界的疏离感不断增强。生活在网络的世界里，用穿越时空的方式进行沟通交流，却使得心灵走向孤独。随着智能手机功能的不断强大，配合以强大的数据服务，增强现实、虚拟现实、智慧城市以及社交网络的发展，人们越来越沉溺于虚拟世界的沟通和交流，心灵却因更加的孤独而渴望情感。

4. 懒得动脑筋，懒得动手，依赖机器而能力下降。因为机器可以提供不断更新的无限大的知识库，只要一查便知，因此，就不想记忆。出门可以导航，开车可以用机器人，家务和工作都可以机器人帮助，搜寻信息可以百度，人们做的事越来越少，精确记忆的知识越来越少，就算是决策也可以寻求机器人帮助，而机器人因为立足于大数据的精确计算上，决策会比人更靠谱，久而久之，人的认知能力和动手能力都存在下降的危险。

5. 担心技术失控，威胁人类安全。人们一般认为，只有人类才具有感知精神。如果有一天，智能机器的智能程度超过了人类，使人类沦为智能机器和智能系统的奴隶，那该怎么办？这是非常普遍的担忧。另一方面，如果人工智能落入了那些企图利用它反对人类的人手中，是否会威胁人类的安全？为此，著名的美国科幻作家阿西莫夫提出了“机器人三守则”：

(1) 机器人必须不危害人类，也不允许它眼看人类受害而袖手旁观。

(2) 机器人必须绝对服从人类，除非这种服从有害于人类。

(3) 机器人必须保护自身不受伤害，除非为了保护人类或者是人类命令它做出牺牲。

我们必须保持高度警惕，防止人工智能技术被用于反对人类和危害社会的犯罪(有的人称之为“智能犯罪”)。同时，人类有足够的智慧和信心，能够找到防范、检测和侦破各种智能犯罪活动的智能手段。

6. 社会运行的方式发生变化，社会关系发生变化。从“人—机器”到“人—智能机器”，从“人操作机器”的单向维度到“人机互动”的双向维度，具有智能的会“读懂”我们的心灵的机器人会更多地参与到我们生活、工作、娱乐和思维中，世界皆因其而变，随其而变。看病、咨询、学习、运动、决策等都会因加大机器人的参与度而使得原有模式改变。比如，医生从原来的医学咨询和诊断功能向人机沟通的辅助功能和心态培养、健康养身专家的功能演变；医疗诊断专家系统万一出现失误，导致医疗事故，怎么样来处理，开发专家系统者是否要负责任，使用专家系统者应负什么责任？使用“机顶盒”技术的智能化电器出问题了，是谁的责任？可见，社会的管理制度和机制也需要调整。

7. 挑战了传统的教育模式，创新显得更为重要。教育以系统的知识传授为主导，这是一直以来的宗旨，而在中国，由于用几十年追赶几百年甚至更长的路，教育更加注重知识传授，知识中更偏重的是科学知识，这也是促使几十年赶上几百年并在最近十年实现部分弯道超车的原因之一。但是，对于未来的教育，智能引导下的创新能力和创新意识将成为教育的重中之重，而创新的来源有系统知识，还有好奇心和问题意识，更重要的是价值观和使命感。这些都需要我们的教育从注重科学知识转向注重科学精神与人文精神的结合，从知识传授转向知识、能力和素质的综合培养。

8. 财富高度集中，影响社会安定。随着科技的高精尖发展，巨大的科技蛋糕只需要少数人来创造，经济差距不断拉大。国家急需出台实现社会公正的税收政策和落实切实有效的基础保障政策，否则，贫富差距拉大了，随之而来的是观念差距的拉大，社会阶层的鸿沟日益明显，不利于社会的安定和团结。

这一切形成的原因是什么？一方面是客体性原因，科技同世界上的任何事物一样，利弊相伴，即使人们善用科技，其负面影响也同样会产生，这是人类无法避免的。另一方面是主体性原因，认识能力不足是导致对科技误用、滥用的重要原因。正如恩格斯所说："**我们只能在我们时代的条件下进行认识，而且这些条件达到什么程度，我们便认识到什么程度**。"由于人类认识上的片面性和局限性，人类在创造和应用科技时经常会出现意料不到的消极后果。此外，失当的价值观一直在为科技异化推波助澜。比如，只着眼于主体能否得到最大现实功利，只从狭隘的物质性、经济性的功能角度来理解科技的功能和价值的经济功利主义；毫无节制地消耗物质财富和自然资源，把消费看作是人生最高目的的消费主义；把科学技术作为解决一切问题的思维方式的科技理性；还有我只为我自己负责，我只管我自己的个人主义等。马克思指出："技术的胜利似乎以道德的败坏为代价换来的。随着人类愈益控制自然，个人却似乎愈益成为别人的奴隶或自身卑劣行为的奴隶。"因此，我们需要对科技带来的负面后果做出提前预防。

从人类发展简史的角度去看一看或许可以让我们对智慧经

济有更深刻的把握，更能理解今天的这个时间点具备怎样的时间上的意义。从大跨度上看，人类已经经历了如下几个阶段：第一个阶段就是绵延了数百万年的**采集与狩猎时代**，靠采果子和打猎为生。接着到了第二个阶段，那就是**农耕文明**，春播秋收，延续了数千年。当十八世纪六十年代工业革命的钟声敲响，人类怀着激情与梦想进入了第三个阶段，**工业文明**。工业文明的时代，一共只有数百年，严格意义来讲就两百年。到二十世纪七十年代，计算机把我们带入了第四个阶段，**信息文明**的时代，这个时代好短好快，一共就只有数十年。从数百万年到数千年到数百年再到数十年，我们的节奏在不断地加快，我们的频率在不断地提高，我们的时间和空间在不断地被超越，此刻，我们正延续着这样的趋势继续奔跑着！但是，在这样的一种加速里面，除了量的增加，它还在做一种质的解构，同时又在建构新的局面，开创新的世界，展开新的生活。在这样一个漫长的人类发展长河里，不管是怎样的一个阶段，也不论持续多长时间，但基本上有着一种惯性趋势，就其本质来讲就是：谁能够创造出更好的技术，谁能够拥有更好的科学，谁能够拥有更多的知识和技能，谁就可以在茫茫的人群当中脱颖而出，就可以为这个时代做出更多的发言，就可以为自己赢得更多的荣誉和利益。但是，到了今天，对这一趋势是否需要做一些变化性的解读？对于一个群体来讲，技术科学知识仍然是立身之本，是一种强大的力量，科技向纵深发展、向尖端逼近；但是对一个个体来讲，它的意义似乎要做一些改变，是一种怎样的改变呢？正如AlphaGo算法没有选择去打麻将，而是选择了下围棋，不仅因为麻将需要团队合作，还因为相比于围棋，“胡大牌”还是“能胡就胡”这样的偏好与个性因素，以及过程和结果给参与者带来的游戏的愉悦和放松，在麻将里面起到了非常重要的作用，而这样的感性因素恰恰是人不可忽视的，它的随意性、个体性和变化性特征使其不可完全被计算。**也许我们比的仍然是科学技术规则程序带来的硬实力，但是感性的审美、丰富的情感、美好的情操和情趣是否会被加大权重？至少这些在一个人的幸福指数里会占据比以往更高的比重。智慧经济解决的是与计算、规则、程序相关的人的理性问题，无法操纵由情感、审美、情怀等构成的丰富的感性世界，这一点，我深信不疑。**

与其说百度连接的是人和信息，阿里连接的是人与商品，那么，微信连接的是人与人。于是，"BAT"联合起来的追求就是：将"信息""商品"和"人"全部连起来，而这三者分别代表的是：感知、交易、社交三大行为。一旦它们建立连接，可以发挥的作用一定是 1+1+1 大于 3 的综合效应，可以随时发生裂变和聚变，瞬间聚合，张力无限。智慧经济让这一切成为可能。

未来的日子里，智能化的机器会更多地充斥到我们的生活世界，代替人做越来越多的事，从而改变了原有的关系和结构，如何应对这些改变，是我们需要思考和准备的。智能时代不仅让我们从机械的劳动中解放出来，而且给出了全新的问题：人类如何面对全新的自由空间，需要准备点什么，做点什么？

正如苹果首席执行官库克在麻省理工学院毕业典礼上说的："我不担心人工智能能够让计算机像人类一样思考。我更担心人类像计算机一样思考——没有价值观，没有怜悯心，全然不顾后果——这就是我们需要你们帮助防范的。**因为如果科学是在黑暗中搜索，那么人文是一根蜡烛，向我们展示了，已经存在的前方的危险。**"因此，我们可以镇定自若地说："机器再怎么厉害，**它也**

只是一台无心的机器。”同时，我们还需自信满满地对自己说：“人不管拥有怎样强的机器能力，但是，需要时刻铭记的永远是——**我是一个有心灵的人**。”

纵向联动之：智慧经济（上）　　纵向联动之：智慧经济（下）

第11讲

纵向联动之：体验经济与分享经济

当机器越来越多地帮我们做事，当程序渐渐帮我们思考、记忆和决策时，科技碾压过的世界腾出了新的空白：我们如何让人们有事可做而不是无所事事？如何让大家从“吃饱了没事干”的状态转化为“吃饱了可以干更多有趣的事”？这就为体验经济大显身手提供了现实的可能性。

中国几十年经历了三个阶段的快速发展：首先是**生存时代，吃饱是主题**，肚子是最主要的感觉器官。所以至今在老人身上还留存着“你吃了吗？”的问候方式，不是真的问你吃了吗，而是表达了吃饱对一天的感受的重要意义。接着，改革开放，经济快速发展，从生存跃入**生活的时代**。吃饱被吃好所取代，肚子被嘴巴所取代。虽然还是说吃饭，但是餐桌上丰富多样的菜成了主体，饭毫不意外地“退居二线”。华灯初上，大江南北，一片“吃声”，千年中华吃文化造就了“舌尖上的中国”。吃得好不好，成了生活幸福与否的重要标准。接着，中国经济一路凯歌，人们生活水平不断提高，人们开始讨论起了“你幸福吗？”这样的话题，夜幕降临，广场舞轰轰烈烈，走路群你追我赶，这些都形象地说明，我们正在进入第三个时代：**美好生活的时代**。

从生存时代的吃饱到生活时代的吃好，再到美好生活时代，仅仅是吃得到满足吗？从肚子上升到嘴巴，继续下去是什么器官发挥作用？这是我们已经面临的问题。要满足美好生活的目标，吃好是基础，但只有嘴巴的吃好是远远不够的，我们必须将我们所有的感觉器官都调动起来，吃好，穿好，玩好，乐好，说好，看好……悦享生活的美好和幸福。而这一切感官的体验都离不开一个基本的能力，那就是：心灵的感知能力。在心灵的带动下，全面体验生活，满足并推动其实现的经济就是体验经济。当人们从机械的体力劳动中解放出来后，如何吃饱了有事干，为体验经济的发展提供了很大的空间。

说到底，体验经济既是对智慧经济的补充，又是社会从生存到生活再到美好生活的客观发展的强烈需要。这样两股力量为体验经济的到来提供了足够的底气。下面，我们试着描绘一下有哪些产业是主体：

吃与喝的行业。作为时代的方向标，餐饮首先变化起来。从追求数量的多，到讲究科学适量不浪费，从注重口味到追求色香味以及环境的优美，从中餐到世界各地丰富的菜肴，从以家里为主偶尔去饭店消费到饭店消费成为家常便饭，从超市菜场购物到两小时海鲜到货、每日生鲜，从星巴克到弥茶、一点点，从沃尔玛、世纪联华到全家便利店和始全始美，从星级饭店到外婆家，从大饼油条到一鸣鲜奶吧，总而言之，餐饮日益走向绿色健康、丰富亲民的道路。到目前为止，餐饮带头走在前面，但还有很长的路可以走。如何实现产业的升级？在中国传统加西方现代的基础上，以健康绿色为导向，以个性化、差异化为途径，利用新科技，辅以文化与艺术的推广，这是餐饮实现升级换代的必经之路。

相对于吃与喝，玩和乐的内容其实更广阔，但因为其与文化艺术和心灵的丰富度有更大的关联，因此，不像餐饮那样如火如荼。我认为有如下的行业：

旅游业，排在前面。难道你没有看见不管是周末还是平时，更不用说“黄金周”，景区处处人满为患，看风景变成了看人头？难道你没有看见，不仅年轻人追求“诗和远方”的自助游，各处景区也不曾少过中老年人的喧哗声？微信朋友圈晒得最多的，不是美食就是旅游的自拍照。这些都说明，生活好起来了，“吃饱没事干了”，首先填补进来的是游山玩水。旅游业的确轰轰烈烈发展起来，但是问题也很严重：还停留在快餐时代，走马观花，匆匆忙忙，花最少的钱和用最少的时间看最多的景点，由此而导致了同质化、低层次、恶性竞争的局面。如何破局？

首先，提升品质是关键。科技与品质有关，文化、艺术、哲学则直接决定着品质。是否可以把旅游的游山玩水提升到自然审美，进而上升到社会审美？从悦目到赏心，从景点景观到审美再到哲学、艺术、文化的沉思？比如，目前旅行社的欧洲团基本上没有把巴黎圣母院当作一段文明史来展开，大家只是看看热闹，没有真正引起心灵的共鸣和实现精神的升华。

其次，个性化和专业化是抓手。这点与品质提升相辅相成。现在是一个彰显个性的多元化时代，人们的经济能力、价值观都存在很大差异，旅游需要因人而异，方能满足需求。目前缺少“精耕细作”的特色产品。美国游的特色是现代感和自然景观，欧洲游是艺术文化，具体到德国的特色是什么？法国又是什么？如果用两个词，如何概括？巴黎如果只能看三个景点，必须是什么？罗马除了用伟大来形容还有别的吗？耶路撒冷的眼泪真的能让我们为之动容吗？有方（一个建筑咨询门户网站）推出了专门针对设计师群体的建筑游，携程推出了“三人行”“六人定制”，还有各种游学项目，有一点点起色，但，还有很大的提升空间。

最后，借助新科技，向文化艺术和哲学借力，把旅游从外向内拉，陶冶情操，放飞心灵，展开审美的人生。不同的自然景点讲述的是不同的美，九寨沟、科罗拉多大峡谷，诠释的是崇高之美；而杭州的西湖和西溪湿地，演绎的是优雅之美。前者像交响乐，后者是轻音乐。如果是文化景观，表达的内容就更丰富了，如长城、故宫、埃菲尔铁塔、凡尔赛宫，里面有历史、科学、哲学、艺术、文化，展现的是异常丰富的画卷。因此，现代的旅游需要向艺术文化哲学领域深度拓展。

说完了旅游业，我想文化艺术产业也自然而然是主体。中国素来有灿烂的文化艺术，但是，最近几十年，在“一切向钱看”的风向标下，艺术环境是很差的，人们的生活世界里充斥的是物质与金钱，文化艺术和哲学审美渐渐远离。常常有朋友家有几套房，可是家里却没有一件艺术品；一谈起艺术品，马上想到可以增值；买东西收礼物不关心到底合不合适、有没有审美性，而在意是不是国际大牌、值多少钱。凡此种种，都说明，人们的审美能力是极其缺乏的，拥有审美的人生好难得。这是多大的遗憾。渐渐地不同了，年轻人身上不断地出现了文艺范儿，出现了小资调调，出现了诗情画意，人们不断有了文化，自然就要在生活中放入文化。由此，艺术品进入家庭就成了可能，生活美学成为时尚，日常用品不仅要实用还要美观，生活世界的艺术化成为需求，理性认识国际大牌、创造自主品牌成了亮点。我们没有发现吗？文学、动漫、平面设计、城市环境、视觉景观、园艺、花艺等都在合力为我们创造美好的生活。在文化艺术产业里，很有说服力的是电影。以前大片与国产无缘，科幻片与国产无缘，票房与国产无缘，今天呢？一部部精彩的国产大片刷新了一个又一个票房纪录。观影也从2D和3D到了集视觉、味觉、动感于一体的4D，影院热播的除了大人看的片子以外还有一堆的动画片，真的都是给孩子看的吗？有孩子看的，也有父母陪孩子看的，更有年轻人自己去看的。我就一直喜欢动漫，特别是日本的动漫，不仅是因为现代的科技，也不仅是因为美丽的画面和大胆的想象，更重要的是动画片刻画出的纯美人性和情感给人的感动，升华了精神，美好了心灵。相信，随着在物质不断富裕基础上的精神富有，还有高科技发展，中国一定也会在动漫、网游等领域大显身手。我们不缺题材，因为我们有上下五千年的历史；我们不缺技术，因为正在崛起；我们不缺观众，我们有那么多期盼的眼睛。我们缺少的是一份情怀，一份素养，一份把一部片子当作一个事业来做的职业精神和人生境界。

此外，我们不仅需要看影视作品，还需要参观博物馆、展览馆、科技馆、艺术馆，需要在那里让自己大饱眼福。

不容忽视的，还有文化艺术产业正在向生活美学融合。不断出现了物美价实的中国品牌，不仅有包包，还有衣服、手机和电器，与国际大牌比，我倒觉得更符合东方美学。最近我就找设计师定制了一款紫色的做旧的双肩单肩两用包，引爆了微信朋友圈。我不是说不可以买国际大牌，它自然有它大牌的理由，但是，不绝对推崇大牌，不只认大牌，大牌价格不菲是一方面，另一方面就是其弱化了我们的审美能力和选择能力，我们会在盲目地追逐品牌中失去独特的自己。个人定制，个性化，审美性，生活化，这些都是很好的趋势。国有品牌的升级，也是生活美学落到实处，生活美学与中国传统文化结合的过程。

除了餐饮、旅游、文化艺术等之外，当我们看见微信朋友圈热发的“什么能吃，什么不能吃”的帖子源源不断时，当我们看见迎面而来的人群中很难找到一个瘦子的时候，当我们看见食品安全状况堪忧、“三高”不断提前攀升的时候，对健康产业的关注是必要的。它涉及农业、生物医学、养殖等，是个巨大的产业链。当我们看见广场舞队伍日渐扩大，走路的人越来越多，爬山成了最简单的运动时，这一刻，运动与体育事业正在兴起。近年来杭州的马拉松超预期推展，可以看出，体育产业和健康产业是发展的趋势；老龄化趋势意味着养老产业的机会；人们越来越注重外在形象，微整形、美容行业也是砸钱的重要方向。凡此种种，不一而足。

最后，所有的吃喝玩乐产业都离不开心灵的丰富，眼睛看到的世界是大同小异的，缘何在不同人的心里引起的反应却如此不同？原因很简单，用眼睛看世界从来不仅是用自然的眼睛，更是用心灵的眼睛。心灵眼睛的敏感度、丰富度与一个人的认识和素养有极大关系。对于绝大多数普通人来讲，提升心灵丰富度的方法是学习。各种知识的学习和素养的提高，最终将使我们拥有更强的能力欣赏世界并获得美好生活。由此，教育产业是一个巨大的产业，学习将不再是为了工作，学习是为了让生活更美好。学习终身化，学习跨越时空的多元化，只要有本事，每个人都可以是老师，移动互联网、人工智能、虚拟现实等等，将为智慧教育的再造提供足够的空间。

讲到了体验经济，我的情绪尤为激动，我似乎看见了一个异常丰富的生活场景在展开，那似乎只有在电影里看得见，在现实生活中已经好久不见，科技的高速发展恰恰为哲学提出了新问题，物质的不断富裕恰恰为生活留下了余地，这即将展开的是一个哲学文化艺术重新回头的时代，我想说：我已经感觉到了，一股力量正渐渐走来，那就是，哲学。

当智慧经济和体验经济一步步走来的时候，分享经济接踵而至，用一种全新的姿态登上社会的舞台。

当有一天早晨起来看见滴滴和快的同一时间出现的新闻，我心里想："分享经济正式入场了。"或许你要问我，我对分享经济的感觉是从这一刻产生的吗？不是！对分享经济的感知，最早来源于微信平台的启发，它是典型的分享模式，正式提出是在2014年，产生这一概念的真正原因是基于对这个时代的科技与人的深刻剖析，尤其是受到齐美尔的观点的影响。

从定义上看，分享经济是指将社会海量的、分散的、闲置的资源，平台化、协同化地集聚、复用与供需匹配，从而实现经济与社会价值创新的新形态。其本质是整合线下的闲散物品、劳动力、教育医疗资源等进行有效利用。正如一些人所言，分享经济使人们公平享有社会资源，各自以不同的方式付出和受益，共同获得经济红利。此种共享更多的是通过互联网作为媒介来实现的。共享经济的典型市场代表有：专车领域的 中国优步、神州专车、滴滴出行等；住宿共享的蚂蚁短租、途家、You＋、魔方公寓等；办公共享的优客工场、SOHO 3Q、氪空间等。当然还有更多的领域，如知识、技能、餐饮、众包物流等。

二十世纪发生了什么？无论是科技还是人文，都是我们清醒认识今天和未来的来源之一，这也直接决定了二十一世纪的经济模式。智慧经济和体验经济如此，分享经济更是如此。言说"上帝死了"的尼采在1900年去世，上帝真的不在了，随之而来的是信仰的危机；战争一次比一次更激烈，摧毁的不仅是经济和生命，更是对科学和理性的赞美和尊敬；上帝不足以信，理性不值得信，科学让人畏惧，价值多元化下伴随的价值迷失、存在感缺失是必然的。十九、二十世纪重量级思想家之一的齐美尔认为，恰恰就是在这样的背景下，二十世纪的整个一百年的工业文明把人类拉入了一个无限寂寞和孤独的境遇。具体有三个主要代表。

首先，高楼大厦。高楼大厦是工业文明的产物，也是对工业文明的赞歌，体现了人类的聪明才智。但是，它却不可避免地从空间上增加了人们的孤独感。一个小区有一道一道的屏障，家家户户住在一起却没有太多交往，人和人的交流更多是通过电话和手机而不是面对面，一旦面对面迎来的却是满脸的尴尬，这种奇怪的陌生感在电梯里相遇的那一刻一览无余：我知道你是我的邻居，可是我却不知道怎么和你共处这尴尬的几分钟，问候还是不问候呢？除了知道你是邻居外，其他一无所知。打破现代人的电梯困境的常常是一个孩子和一只小狗。我们住得越来越高了，我们住得越来越现代了，我们却越来越缺少直接的亲密交往。**高楼大厦是现代文明把人们推入孤独境地的空间杀手**。

其次，钟表。伴随着工业文明进程的加快，钟表也被不断地发展普及，人们的节奏在工业和钟表的推动下红红火火地加快了。从早晨睁开眼睛的那一刻，一直到夜晚入睡，我们都要谨记时间，恪守时间，我们的时间被安排得满满的，没有闲暇，快速不可停歇，夜深人静可以喘一口气时猛然地诧异："我这是想干吗？我成天忙的是啥？我是想把生命加速过吗？"钟表对人们的时间做了最精准的管理，抽掉了懒散和空闲，增加的是功利和物质。

闲暇和忙碌的节奏变化是人幸福的来源，否则，就如同牛皮筋一直被拉着，最终变成了一根没有弹性的绳子。因此，**钟表用它的精准加快了生活的节奏，从而，最终从时间上增强了孤独感**。

最后，金钱是孤独感的罪魁祸首。高楼大厦的背后是金钱和物欲，钟表掌控下快马加鞭的节奏里面人们追逐的还是金钱和利益，工业文明轰隆隆地一路凯歌，主旋律也是金钱，它是工业发展的原动力。凡事都有两面性，金钱也一样。它可以激发人们的激情、勇气和潜能，更大化地实现自己，发挥自己的优势；它可以让人们用自己的努力改变自己的命运，虽然出身贫寒，但或许有一日可以靠努力登上富人榜，把命运拽在自己手上。但是，**金钱的的确确成了掏空情感、精神和心灵的最大杀手**。

在一切向钱看的基调下，人们会误以为有钱就是有荣誉，有钱就是有感情，钱可以买到一切。常常有家长咨询高考志愿："金教授，选择哪一个专业好？""什么是好专业？""就是可以找一个好工作。""什么是好工作？""就是收入比较高。"这是一个简单不过的现实主义的观念：好专业＝好工作＝挣钱多。不需要考虑孩子喜好吗？不需要考虑社会价值吗？你家如此迫切地需要钱吗？由此，经济学成为高分者云集的专业也就顺理成章；这样的家长，看起来是为孩子好，其实未必。

阿里上市了，杭州的大街小巷都在说"要嫁就嫁阿里男"，虽然只是戏说，却透露出金钱对爱情婚姻的重要性。难道品德、情趣、外表都不重要了吗？一见钟情是由钱激发的吗？生死相依也是由物质维系的吗？学生常常说："看了以前的电影和小说，好羡慕你们那个时代的爱情，我们现在怀疑爱情，也正是因为缺失，所以，只能在《何以笙箫默》里陶醉了。"我想说：爱情如果带上太强烈的金钱色彩，那就不是爱情了。人不能什么都想要，最终也许啥都没有。西方的罗密欧与朱丽叶，中国的梁祝和白蛇传，都是爱情的典范，都是纯粹的情感，今天不能不讲一点现实，但如果全部是现实，那就只剩下婚姻了，却也是岌岌可危的婚姻；金钱买不到爱情，可以买到别的情感吗？

这些年，国人是最急功近利满眼是钱的，常常听见母亲以过年的"红包大"为理由炫耀自己的孩子孝敬，过年过节送礼更看重的是值多少钱。由此，商家就把价格一路涨上去了，正好迎合了这样一种金钱至上的虚荣心。

此外，金钱还无孔不入地影响了精神价值，人们一度认为"造原子弹的比不上卖茶叶蛋的"，一个工作好不好，衡量的标准是钱。有一次，我打的，出租车司机问我："你是不是电视台的？"我说不是，他继续问："那你是干什么的？"我告诉他我是老师。"幼儿园、小学吧？""不，是大学。""一定是英语吧。"我没有反驳，估计他不理解哲学。或许是不信，他继续问："哪个大学？"我告诉他浙江大学。"这么好的大学，你好了不起。"他继续说："这么好的大学一定有很高的工资。"我告诉他在亲戚朋友当中，我学历最高，收入却最低。大学老师的收入比不上很多行业的员工。他说："那你当大学老师干吗？凭你那么好的条件到电视台去当个主播，要什么有什么，当老师真的太可惜了。"我心里想："我跟你说不清。"我没有生气，因为我们是不同的人，那时候他这样想也是极为普遍的。

如果一切以钱为标准的话，我们的经济是短期快速发展了，但是我们社会的情感却淡漠了，人情冷暖好市侩，精神空虚了，我们生命里的崇高感、使命感都让步给了物质和金钱，那么，人的孤独无聊也就无法避免。

高楼、钟表和金钱，无孔不入地渗透到了我们的全部世界里，围困着我们，我们终究要挣扎：我好孤独，好寂寞，好空虚，好无聊。我需要丰富的生活，我渴望美好的情感，我渴望有亲密朋友，我渴望与更多的人交流……这种发自心底的现代人的挣扎，就是分享经济模式登堂入室的入场券。

社会准备好了，等待新的模式，此时，还需要科技助一臂之力。智能手机的诞生，使得互联网被握在手上，随时随地，寸步不离，每一个人都成了一个移动的终端，人和人之间可以随时随地地分享。由此，微信的发展远远超过了在二十世纪九十年代就一马当先的 QQ，关键是因为互联网和移动互联网的差异，在科技与社会的双重因素的激发下，微信的快速发展也就不足为奇了，它揭开了分享经济的序幕。

人们为何喜欢使用微信，一开始是因为人与人沟通不仅方便而且可以互相分享生活感受，渐渐地随着公众号的推出，人们觉得它是一个学习分享的平台，通过微信，各取所需，互相分享，让人们走得更近。人与人连在一起了，在此基础上，众筹模式产生了。

人们孤独寂寞，缺乏存在感，因为孤独所以想不孤独，因为没有存在感所以想存在，因为无聊所以想有意思，而分享经济的模式正好是缓解孤独寂寞的一剂良药。这就是分享经济产生的社会原因。

有一次，我受了点委屈，于是在微信朋友圈上说了一堆牢骚怪话："人生何必如此认真，我要去开咖啡馆了，就叫'虚度吧'。"没有多久，评论者如云，关键是很多朋友说一样的话：我们一起开吧，金老师你作为核心。我一看，各位朋友的行业不同，年龄不同，所在地不同，相同的就一点：志同道合，是我的朋友。当时就想众筹模式一定可以产生，原因就是：微信让不同身份的原先很难交集在一起的人得以相互了解分享，它改变了人与人原有的关系，创造了更加活跃的找朋友模式。后来，众筹电影出现了。后来，滴滴优步出现了。再后来，共享单车满大街了，小电的充电宝、共享雨伞随处可见。分享经济正式走来了。

分享经济生于互联网，兴于移动互联网。当互联网技术越来越广泛地被应用到各行各业时，互联网自身所带有的"分享"特征也顺势进入不同的行业，制造业在寻求自身厂房、设备的分享，医疗行业在寻求自身医疗资源的分享，教育行业同样也在开展教育资源的分享……作为一种新兴的经济模式，分享经济带有强烈的互联网特征，但更多的是一种基于互联网技术的商业模式创新。回顾互联网多年来的发展历程我们可以发现，互联网行业已经走过了多个红利期，从早期的即时通讯、搜索引擎、门户网站，到后来的网络游戏、网络视频、电子商务，再到今天的 O2O（线上到线下）、分享经济等，互联网在商业模式创新上已经逐渐接近天花板。在互联网发展红利日渐减少的今天，分享经济或许是互联网模式创新的最后一次大的突破。

过去，中国互联网企业的创新往往是对美国互联网市场的复制，将那些在美国市场被成功验证的模式复制到中国市场。如今，中国在互联网商业模式的探索和创新上已经逐渐走在世界前列，不论是移动支付还是 O2O，抑或是分享经济的种种，中国都在引领世界互联网风气之先。与此同时，中国互联网企业的创新创业在"商业模式"上也遭遇了巨大的困难和混乱，主要表现为：

1.“囚徒困境”。如果参与博弈的各方都从纯粹利己角度出发去实现自身利益的最大化，最终导致的结局必然是一个对所有玩家都不利的结局。

2. 缺少系统定位和个性优势，极为容易被模仿。共享单车就是一个例子，没有清晰的产品定位和系统运作，一哄而上，互相模仿，越来越趋同。这样，只会是恶性竞争。

3. 缺乏与主管部门以及原有模式的磨合与接轨，使得运行处处受阻。共享单车推出后，与城市公共自行车系统、城市管理部门等缺乏沟通。而美国正在学习中国的摩拜和 OFO“小黄车”的运营模式，提出将其融入城市新建计划，得到了政府的支持与配合。是否不存在合作的可能性？

4. 对风险和困难评估不够，重视不够，随意烧钱，方式简单粗暴，赌徒心理严重。

正在因为上述这些原因使得分享经济陷入尴尬的境地，而这一切也与政府监管部门观念的落后、既有利益被影响以及监管不力有关，因此，为了避免出现无序的市场竞争，监管层不得不小心翼翼地制定分享经济的相关政策。不管是企业还是政府，都需要在摸索中让分享经济成长。

分享经济不仅会改变商业模式，而且还会影响人与人之间的沟通和交往，会影响情感和心灵，这是作为哲学教授的我想分析的。

首先，**分享经济从物质的分享向非物质的分享发展演进**。从房子、车子、衣服、书本等物质的分享，发展到对非物质的分享，如知识、信息、能力、服务、情怀、审美等。家庭医生、线上心理咨询师、人生规划设计师、情感顾问、审美力培养师以及花艺、厨艺、聊天等服务，尤其是传播知识的教育平台，都是分享经济的热点。如果通过分享而不是单一的教与学，扩大传播的渠道，提升学习的效果，在相互学习的进程里彼此进步，一定是更快更愉悦的。

其次，**在分享信息、知识、物质的同时，一定涉及了与人的沟通，分享经济严重地影响了情感的信任和情感的专注，加重了情感危机**。去年浙江大学发起了一场辩论："时保联(时刻保持联系)是不是一场暴政?"什么是"时保联"？具体来说，微信的视频聊天就是最精准的"时保联"。大部分同学们认为，一切以爱的名义——不管是男女爱情、父母亲情还是友情——而产生的行为，如果以限制干涉自由为前提，因不信任而发生，都是一场暴政。事实上，生活中正时时刻刻地发生着这样一种以爱为名义的监督、检查和抽查行为，以爱之名在伤害着情感。为何如此？因为担心、忧虑、怀疑，说到底是不自信和不信任。

有人说，你看今天一个滴滴，明天一个神州，每天不同的帅哥司机，难保没有一个看上眼的。也有人说，微信朋友圈里那么多美女，能放心吗？还有人说，家庭医生、家庭心理咨询师、家庭教师，这些都是比我能干的人，时时交流联系着，难免生出一点情感，我能不担心吗？这些话里面透露出来的担忧是与分享经济相关的。分享经济使得每个人成为一个终端，可以提供各种技能、信息、服务，因此，人每天遇见的是不同的人，而常常是比自己优秀并有助于自己成长的人，因此，情感将面临更大的变化的压力。

再次，**分享经济是对一个人能力进行检验的试金石，是一个人有用还是无用的证明**。如果一个人被无数平台和无数人分享着，那么毫无疑问他是一个丰富而有才华的人，他实实在在地担当着这个时代的主体角色；如果一个人从来都是分享别人，而拿不出一点东西去分享给别人，那么，他是一个弱势者角色。因此，每个人都在走进分享经济里，但是怎么踏实地走在里面？努力地提高自己，充实自己，丰富自己，给自己信心和勇气，这一点是确定无疑的。

最后，**分享经济拉大了人与人之间的差距，加速形成阶层、圈层和朋友群**。志同道合的人在一起分享，不同的人无法分享，分享就意味着把不同的人清扫出去，反之，合得来的人在分享的快乐中更快地成长，更加意气相投。这样一来，既加速了圈层的形成，又拉开了差距。

在分享经济里，每一个人在分享别人提供的东西的同时，请你也让自己有足够的内容可以给别人提供分享吧。分享和被分享在一起，才是快乐的分享，才是真正的分享。

纵向联动之：体验经济　　纵向联动之：分享经济（上）　　纵向联动之：分享经济（下）

第12讲

逆向联动之：认识你自己

——从每日一花说起

一次上午三个小时的课程，让我结识了一位朋友，他有一个爱好——摄影。或许是志同道合，他每天用照相机拍一张以花为主题的照片，然后用手机发给我，每天清晨一开机，花语的祝福如期而至。一开始，我只是礼貌地以“点赞”回应，这样延续了一周，我突然觉得“可否来点佐料，有意思一点”，于是，我回复了一句话：“每个人都是艺术家。”我猜得到，这句话会让他不解。果然，他没有回复，但是照旧每日一花。

不知不觉几个月过去了，他发花，我赏花，友情继续。有一天，收到了电话邀请，原来他来杭州出差，忙里偷闲地约我吃饭，我当然欣然前往。闲聊几句后，他问我：“金教授，您那句‘每个人都是艺术家’是什么意思？是说我的照片很普通，每个人都可以拍出来？我是用照相机精心拍的，我拍得很烂吗？我不认为每个人都可以拍出来，我也不认为您是这个意思，因为据我的感觉您不是这样一个尖刻不领情的人。可是，到底是什么意思呢？”我说：“我知道您请我吃饭会聊起这事的。我当然不是批评您的意思，一来照片很不错，二来，正如您所言我不是一个刻薄的人。但是有一点，您之后的照片拍得更用心更好了，是吧？”“的确是，可是到底是什么意思呢？”我慢慢地说起来。

“您发给我的照片都是花，朵数不同，品种不同，颜色不同，状态不同，但是，有一点是相同的：花本身都被毫无疑问地突显着，花是主题，其他都是背景。也就是说，这些是您用照相机拍出的有景深效果的照片，是经过艺术加工的照片，对吗？”

“是的，每一张都是我精心选取角度用心拍摄然后发给您的。”他说。

“我们用眼睛看世界，由于眼睛具有聚焦的功能，因此世界在我们的眼睛里呈现的是立体的结构，有明有暗，有突显有虚化。我们总是聚焦在一点上，这一点是清晰可见的，而其他则成了背景，因此，我们看书的时候是一个字一个字地读过去，不要说一目十行，一目一行都做不到。**如果一朵花被突显了，花丛就被虚化了；一只蝴蝶被突显了，花就被虚化了；一丛花被突显了，背后的灌木就虚化了。而这种虚化中突显的效果，恰恰就是摄影技术追求的一种审美境界**。当我们在拍集体照的时候，摄影师眼睛里看到的只能是一张张脸挨个地清晰呈现，他无法做到同时看清楚所有的脸。可是他手中的照机机却完全可以把所有的脸一下子‘看’清楚，否则，就不是集体照了，由此可见，摄影师的眼睛里的世界不是原版的真实存在的世界，是被看的世界，被处理的世界。因此，这既可以理解成为人的眼睛与生俱来的不足，不足以一眼一世界，但也为能给我们呈现一个异常美好的世界提供了先天的可能性。您的照片不是用手机直接简单拍出来的，您是用照相机精心拍摄的，当然是艺术性很强的照片。照相机本身就是对人眼的模仿，在用照相机拍花的一刻，除了照相机更强化审美性外，与人眼看花的状态基本是一致的，用眼睛看到的画面如同镜头里的世界：有明有暗，有突显有虚化。正是从这个意义上，我说：每个人都是艺术家。强调的是眼睛对世界的表现，而不是原本不分轻重地照搬的再现，人的眼睛是经历了选择的，这就是艺术过程。每个人都是艺术家，既是对您的称赞，也是对人的眼睛的先天优势的肯定。”

“哦！原来如此，我就在想，您一定是在讲哲学。”

我继续说：“世界是一样的，人的眼睛也是一样的，按理说每个人眼里的世界也应该是大同小异的。事实并非如此。有的人眼里的世界精彩绝伦，有的人的却灰暗无光。也就是说同样的世界在每个人的眼里呈现的是不同的画面，这是为什么？这是因为，我们看世界，除了依赖眼睛，还要启动心灵。**我们有三个月亮：首先，是天上的月亮，也就是自然存在的月亮，就一个；其次，是眼睛视网膜里的月亮，也都差不多，因为眼睛的生理功能类似；最后一个月亮是心灵的月亮，差别很大很大，直接呈现的是心灵的大与小的差别**。可见，人与人之间的不同，根本在于心灵的眼睛，大可以大到无边无际，小可以小到几乎不存在；可以如同阳光让世界一切明媚，也可以灰暗让世界雾霾弥漫。**眼睛在对世界做了千篇一律的选择后，真正的选择由心灵决定**。每个人看到的世界是在眼睛和心灵的共同作用下选择表现的结果，人是一切表现的主宰，从这个意义上讲，每个人都在无时无刻地画着画，对世界进行着艺术加工，因此，每个人都是艺术家。想要看见比别人更美的画卷，想要发现更多的美好，要靠心灵。提升了心灵的丰富度和高度，就提升了画卷的艺术性。**‘每个人都是艺术家’，我强调了心灵在看世界过程中的决定性意义**。正如达·芬奇的‘艺术是第二自然’——艺术家的心就像一面镜子，直接地反映面前的一切，艺术就会变成好像是第二自然。达·芬奇在继承古希腊模仿说的基础上，强调了艺术家反映的主动性和创造性，而这些都来源于丰富而细腻的心灵。”

“总而言之，我通过‘每个人都是艺术家’想表达的是对自我认识能力的客观认识，这是一种理性而深刻的认识。首先，**眼中的世界与真实的世界是不一样的**，这是受限于眼睛的聚焦功能，眼睛具有艺术的突显与虚化的先天能力；其次，**同一个世界在每个人的眼睛里是不一样的**，这个不一样不是因为眼睛自身，而是因为心灵的不同。心灵才是审美和艺术加工的最关键因素。从来都很认同这句话：**不是缺少美，而是缺少美的发现**。因此，要想让自己拥有更美的艺术世界，提升心灵从而提高发现的能力是必经之路。”

从“每日一花”的故事出发，我强调了自我认识在审美上的重要性，有关自我认识，不由地让我想起了一个我曾经做过无数次的心理学实验。

我在白板上画上一个黑色的圆，然后问大家：“你们看见了什么？”同学们众说纷纭，“一个黑色的足球”“一个太阳黑子”“一个煤饼”“一个黑色的圆”。大家看起来说得不同，其实都高度一致：几乎都只看见黑色的图形，而忘记了白色背景的存在。如果没有白的背景，黑色的图形何处现身？如果把背景换成黑色，黑色的图形还存在吗？我们都有这样的经验，在黑板上用白笔，在白板上用黑笔，显而易见，对于书写者而言，这里的白和黑一样有意义，无法离开彼此单独存在。但是，这样的存在在观看者眼里，往往会被悄无声息地忽略。因此，面对这个心理学实验，正确的回答是：白色背景中的黑色圆形。

通过这个实验，我想说明的同样是：人的认识能力是非常有限的。如同“每日一花”中人的眼睛不能不分轻重地全部清晰展现真实的世界，这是眼睛的一种局限性；在这个实验里，我们看到的是另一种局限：人会不经意地自然省略一些存在，忽略一些细节，似乎它们从来就不曾存在，而事实上它们一直都存在着。这就是人类有限的认识能力。

此外，我们把筷子放到水里，看到筷子瞬间弯曲了，可是筷子什么时候弯曲过？我们把脚放进水里，感觉脚一下子膨胀了，可是脚还是原来的脚。一个人半夜惊醒，睡眼蒙眬之下有多少是真的，多少是糊里糊涂的幻觉？我坐在讲台后面，同学想要看清楚就必须利用课间走近讲台，视觉的能力受到距离的影响，走近了，才能看得清楚，可是仍然无法看到后面，因为我们的视线是直线，无法拐弯，无法穿透，看不到背后和侧面。这一刻，或许我们真的会发自内心地说：“我不再完全相信自己的眼睛。”

除了眼睛，我们的耳朵就足以让人相信吗？记得我们都玩过“说悄悄话”的游戏，一句话被一个人一个人地传递，传到最后，往往会面目全非。不是故意地以讹传讹，而是清楚地传递和接受一句话需要很多条件：发音标准而清晰，周围没有太多的杂音等。谣言的传播不全是故意的，有一部分是无意的，正确地传达意思不仅与语音本身相关，还和知识层次相关，比如关于转基因的谣言，关于政治大事的误传，好多如此。由此，我们会说：“我不再完全相信自己的耳朵。”

正如，一个战士在战场上伤了腿，多年治疗下来已经痊愈，可是一旦遇上阴雨天或者是看了战争片，他就会觉得伤口痛起来，这不是真实的感觉，是战争的记忆使他产生了幻觉。所谓“望梅止渴”不也如此吗？止渴的感觉不是由味觉中真实的梅子产生的，而是想象中的梅子引起的心理反应。望梅止渴，我们没有吃梅，可是却止渴了。这一刻，我们会说：“我不再完全相信自己的身体。”

沿着这个路径，我们就越来越接近笛卡尔了。他正是沿着这样的过程推导出了“我思故我在”的唯心主义观点。他说：“既然眼睛、耳朵、嘴巴、身体……包括上帝都是不足以相信的，必须保持怀疑，而在一切过程中‘怀疑’始终存在，怀疑就是‘思’，所以‘我思故我在’。”

讲过了笛卡尔，我们自然会接近康德，伟大的康德。几百年后，康德问大家：“我们能够认识到什么？我们可以从‘世界是有限的’理所当然地推出‘世界是无限的’，反之亦然；我们可以从‘世界是有开始有结束的’出发理所当然推导出‘世界是没有开始没有结束的’，反之亦然。这是典型的思维矛盾。我们可以置矛盾律于不顾地思考着，这说明，人类不具备认识世界的能力。”“知性为自然立法”，一语道破天机：人类的认识能力是极为有限的。

得出了人类认识能力的有限性的观点之后，我们想干什么？有何意义？这是我们必须追问的。正是**认识到了有限性，才能够开启更健康有益的认识**，有限性从来不会因为没有被认识就不存在。因为有限，所以要超越，所以要把一张纸反过来看看，因为我们的认识能力不足以看见反面。如尼采针对一切事物、价值和文本做出了不同角度的审视、评估、解释和批判的透视主义，具有多元性、差异性和不确定性特征。因为康德给自然探索的科学道路泼了冷水，由此，二十世纪的科学更加蓬勃发展了。科学家少了一点趾高气扬和不可一世，多了一份理性和宽容。

笛卡尔也好，康德也好，还有那个狂人尼采，他们都是极具智慧的人，也是因其的智慧而无法不自负自傲的人。但是，他们面对认识，面对理性，面对现象时，却表现出了超越凡人的谦逊：正视、说理、推导。我自然而然地想起了苏格拉底，一生追寻智慧、极具智慧的他最后的告白却是“我一无所知”。多么谦虚的心灵，高贵的情操。

“每日一花”也好，“点状思维”也罢，直指的都是逆向联动的思维模式。所谓逆向联动就是从正反两方面辩证地思考问题，寻求对策。这一思考过程是理性的、客观的，它要求思考者清楚客观地认识自己。从苏格拉底临终的遗言开始，“认识你自己”就成了哲学的代名词。什么是认识自己呢？既不自我崇拜，也不妄自菲薄，既看到自己的能力和长处，也不忽视存在的短板和不足。正如，我们清楚认识到眼睛的有限性后，我们才不会对自己眼里的世界抱着绝对的忠诚和信赖，我们才不再说“我绝对相信自己的眼睛”，我们开始怀疑“眼见为实耳听为虚”的可靠性。只有建立起这样的一种有背叛的信任，我们的眼睛才能为我们所用，帮助我们建立更多对世界的正确理解。一个客观认识自己的人，才会产生发自内心的谦逊，才会不自觉地进行逆向联动的思考。

如果说纵向联动是一种往深处去追问的高效思维方法，逆向联动恰恰就是一种更宽容更有弹性的辩证思维方法：由正及反，由反思正，侧重一点，兼顾全局，辩证客观地思考和解决问题。由此出发，我们可以对谦逊、勇气和自主等一直以来非常熟悉的对象做出理智的思考：

只有深刻地认识到自身的不足，才有可能建立**理智的谦逊**

(intellectual humility)：避免自负、夸耀、自满、伪装；意识到每个人的理智能力是有限的；意识到我们经常忘记的一点——我们天生具有自我中心的倾向。

而在理智的谦虚的基础上，我们才有可能去拥抱**理智的勇气**(intellectual courage)：敢于接受，敢于坚持；如果意识到我们不喜欢的观点或者是异己的观点中也有真理，那就要勇敢接受；如果意识到我们喜欢的或者公认的观点有谬误，就要勇敢摈弃。

在理智的谦虚和勇气的共同推动下，**理智的自主**(intellectual autonomy)才有可能：从自主的角度，以自主的眼光和自主的思想，追求独立而审慎的思考、主动而个性的实践行为。

列夫·托尔斯泰在《安娜·卡列尼娜》里面写道：**"人生的一切变化，一切魅力，一切美都是由光明和阴影构成的。"光明和阴影谁为主导？这由你来决定。但无论如何，我们不能只决绝地选择其一而忽略对方的存在。**如果大家都可以从正反两个角度去想想问题，自然也就会跳出问题本身的泥沼，更为超脱，更有利于问题的解决，更有利于自身的成长和得到温暖。

认识你自己，是逆向联动思维的产物。认识你自己，在正反两方面的思考中踏实前行。

逆向联动之：认识你自己——从每日一花说起

逆向联动之：认识你自己——黑暗点状思维

第13讲

逆向联动之：龟兔赛跑的实践启示

儿子在幼儿园放学后对我说："妈妈，老师讲了龟兔赛跑的故事，我觉得不太对啊。""怎么不对啊？"我充满好奇。"老师说兔子输在骄傲上，所以谦虚使人进步，骄傲使人落后。我不同意啊。首先，骄傲不一定会落后，谦虚也不一定就进步。如果那么简单，大家谦虚一下就都进步了。我们班上成绩好的几个同学都很骄傲，很努力，不肯落后于别人，正是这样才能取得好成绩，相反那几个差的就是因为无所谓，所以总是拖我们班级小红花评比的后腿。再说了，兔子也不是输在骄傲上，它是不想比赛，这样的比赛有什么意思，让跑步最快的兔子与最慢的乌龟赛跑，一点意思都没有，如果我是兔子就不想参加，如果一定要参加，就只能随随便便输掉拉倒。这样的比赛没意思。如果让速算最快的同学和最慢的同学比赛，快的同学觉得没意思，慢的同学没信心，也不会有多大进步，最后，大家都越来越慢。还好，我们没有这样的比赛，老师总是让我们与昨天的自己和差不多水平的同学比较，比昨天快了就是进步，前进了一名就是进步。""你跟老师说了你的想法吗？"我问儿子。"没有，不敢，也不太好，公然反对老师不太礼貌，我就是回来告诉妈妈。"

听到这里，我真的很开心，看到他小小年纪已经有了独立思考的能力，这是多么值得高兴的事。暂且不去议论儿子的话里把骄傲和上进混为一谈，所以才有“我们班上成绩好的几个同学都很骄傲，很努力”之说；暂且不论在谦虚与进步、骄傲和落后之间的关系中，前者是必要，后者是充分，严格一点的表达是：只有谦虚，才能进步；如果骄傲，那么落后。我这里特别想说的是：龟兔赛跑的结果是兔子输了，兔子需要担负起所有的责任吗？乌龟赢了一定有意义吗？说到底，需要质问：这是不是一场理性而有意义的比赛？

正如孩子所言，兔子是不想参加比赛，是觉得赢了也没有意思，因为这场比赛不合理：让跑步的高手兔子与爬行速度很慢的乌龟比赛，这样的比赛比不出真才实能。那么需要进行一种怎样的比赛呢？应该乌龟与乌龟比，比的不是跑步而是游泳，这样在一个具有可比性的群体里进行的比赛可以更好地激发群体和个体的进步和成长，结果是游得越来越快；兔子和兔子比，比的是跑步，越比跑得越快；猴子和猴子比，比的是树上的跳跃与攀爬，越比越灵活迅速。这样的比赛是有意义的，因为其具有合理性。在存在着太大差异的不同对象之间进行比较，本身是没有多大意义的。正因如此，现代管理里面一直强调的是在普遍管理制度的基础上因人而异，因行业而异，因部门而异，追求管理的个性化、专门化和精细化。一个智慧型的人才密集型企业和一个劳动密集型的服务型企业，无法遵循一样的管理制度，前者可以在乎每个部门和个体的创造性工作的结果而不是时间和过程，后者则一定需要严格遵守时间和流程；同一个企业内部的销售部和制造部，在时间的管理上也很不相同。

讲了这么多，让我们回到开始。龟兔赛跑的故事，我们每个人都再熟悉不过了，可是，我们除了沿着故事长期传达的固定思维"骄傲使人落后，谦虚使人进步"，还有"持之以恒就会成功"以外，似乎很少反过来思考，这是一种典型的固定解读。一个5岁的孩子，反倒对此提出了质疑，而这一质疑是有道理的，在做人做事上具有哲学层面上的本质性的意义，这难道不值得我们反思吗？由正及反，由反思正，正反两方面辩证思考问题，是对我们极为有益的，将两个方面的认识加以综合，才会更加客观全面地指导我们的思与行，使其趋于完善。

在这样的一个视角下，我们可以继续问下去。有的老师说："学生真的是越来越令人失望，上课看手机，写作业不认真，论文玩转'乾坤大迁移'……"60后常常传达这样的声音："一代不如一代，00后不如90后，90后不如80后，80后不如70后，最终70后不如60后……"马拉不动车了，马车夫教训马："怎么这么会偷懒，快走，继续走……"多少妈妈随着孩子的长大孤独地烦恼着："小时候和我那么亲，现在怎么那么疏远，坐在一起没有话说。唉！养孩子真没意思。"……

这些都是客观全面的认知吗？当然不是，是带着情绪的单一维度的认识。如果换一个角度是否可以这样想一想：如果老师真的把课讲好了，学生上课还会玩手机吗？至少不可能普遍在玩。真的是一代不如一代吗？在吃苦耐劳、忍辱负重等方面，的确存在弱化的情况，但是，在知识的系统教育和开放社会以及不断富裕的物质条件下成长起来的一代又一代，理性的思考、个性的生命、文明修养等方面正在不断加强，越来越好。马拉不动车，或许是马偷懒了，也可能是它承受了过重的负担，一个贪心的车夫让它实在走不动了。最后，孩子长大了和父母存在疏离感，有成长中独立的过程这一普遍原因，从父母角度出发会责备孩子不知道感恩，换到孩子的角度，他或许会说："我们三观不一样，说不到一起，不是不想说，我的想法父母从来不理解，不尊重，而是一味强加他们的想法。"

逆向联动在我们的生活实践中具有哪些实实在在的启示呢？我梳理为以下几点：

启示一：决策时务必多想一点，多考虑一点，理性思考，规避风险。

一方面，自身的认识上存在着不可避免的不足；另一方面，每一个决策行为本身也往往存在正反两个方面。因此，在综合全面考量的基础上再做决断，这是减少风险的做法。

首先，决策者需要先对自己做一个 SWOT 分析。SWOT 分别代表：strengths（优势）、weaknesses（劣势）、opportunities（机遇）、threats（威胁）。SWOT 分析法又称为态势分析法，是一种能够较客观而准确地分析和研究一个对象现实情况的方法。SWOT 是一种战略分析方法，通过对被分析对象的优势、劣势、机会和威胁等加以综合评估与分析得出结论，通过内部资源、外部环境有机结合来清晰地确定被分析对象的资源优势和缺陷，了解对象所面临的机会和挑战，从而在战略与战术两个层面调整方法、资源以保障被分析对象达到所要实现的目标。SWOT 分析旨在通过分析自己，从而为自己可以做什么、不可以做什么奠定理性基础。正如哈佛大学商学院传诵的一句格言："**明白比智慧更重要。明白自己拥有什么，才能明白自己能做什么。**"智慧不会降临到每个人头上，但是，明明白白清清楚楚是每个人可以努力达到的，只有明白了自己的所长所短，才能决定能做什么、不能做什么。

其次，需要对要做的事情进行利弊两方面的辩证分析，既用勇气与激情去迎接机遇，又为可能产生的困难做充分的准备，如果缺少这样的危机意识，一旦危机发生了，就会无法控制，即便再调整，也会颇费周折。正是因为我们对科技的负面作用认识得不够深刻，所以，几十年高速经济发展的代价就是环保形势严峻、资源被大量的浪费和破坏等等，现在意识到再去修正，是多么的难。直到今天我们都明白了，科技是一把双刃剑。大学近十年全面推出了量化考核，规范、标准、有据可循的现代管理思维有其合理性，但负面的问题是：很难产生十年磨一剑的作品，因为没有等磨出来已经下岗了。量化方案比较适合理工科，对人文艺术是不太合适的。一件事情总是有两面性，正如黑格尔说的“一张纸都有正反两面，不存在只有一面的纸”，不能只看正面，而忽略了反面的存在，应该想办法去应对不足，缓解可能的副作用。

启示二：从给糖哲学出发，选择不同途径与方法，兼顾过程与结果。

我先讲一个买糖的故事。小时候常常去附近一个店买金丝猴奶糖，店里面有两个胖阿姨和一个瘦阿姨，而我总喜欢找瘦阿姨买，如果碰巧瘦阿姨不在都是胖阿姨就索性先不买了，为何？因为一个胖阿姨以为自己水平很高，一抓一个准，基本都不太用称；另一个胖阿姨水平没那么高，她图省事，总是先抓一大把，然后在称的时候一点一点往回扣；瘦阿姨恰恰相反，每次都抓不足重量，然后再一点一点往里加。虽然得到的奶糖数量是差不多的，从效率上讲第一个胖阿姨最高，但我就喜欢瘦阿姨，喜欢那种一颗颗往里加的感觉。这就是“给糖哲学”。做同一件事，可以有完全不同的方法，不同的方法有不同的效果，到底用哪一个，要看情况而定。如果我们从效率出发，一定是追求一抓一个准的胖阿姨的精确，这是很高的业务水平，但是，我们还务必考虑到服务过程中人与人之间的沟通，在这一点上，瘦阿姨动了脑筋，充分满足人们的心理，并巧妙地利用人们的心理，从而提高了满意度。由此可见，卖糖这么容易的事，要做好还真是不简单。给糖哲学具有普遍的意义。

启示三：正反两方面思考问题，顺利时不骄，挫折时不馁。

常言道："祸兮，福之所倚；福兮，祸之所伏。"祸福相依，互相转换。我们也常说："失败是成功之母。"物极必反是宇宙的普遍规律，任何坏消息在本质上都同时蕴含着好消息的种子，光明思维就是去发现这粒宝贵的种子。要知道：**即使在地狱，也有一条通往天堂的道路**。正是意识到了这一点，顺利时应该像海尔的张瑞敏所言的"时时如履薄冰，处处战战兢兢"。意识到了问题，就往往不会招致灭顶的危机。**没有问题才是最大的问题**。反之，当挫折来临时，一个人需要保持乐观的心态和重新开始的勇气以及智慧。只有当失败了的人能够接受失败，才能再次拼搏。**重温恩格斯的一句名言应当是恰逢其时的："没有一种历史灾难不是以更大的历史进步作为补偿的！"**列宁说得更鼓舞人心：**"为了更好的一跃而后退。"**

启示四：理性面对不同的观念，灵活处理生活和工作中的矛盾。

庄子问："有用长寿还是无用长寿？"来了一位妇人，她回答："当然是有用长寿。家里来了客人，我要炖只鸭子，肯定选不会下蛋的鸭子，下蛋的要留着下蛋。"庄子点点头。又来了一个小伙子，他说："我认为是无用长寿。我现在要去山里砍木头造房子，我肯定选那些高大笔直质地良好的木材，至于那些矮小弯曲的小灌木，我肯定不要。正是因为大家都认为无用，所以可以活得长啊。"庄子又点了点头。大家搞糊涂了吧，怎么面对两种相反的观点庄子却点了两次头。小伙子和老妇人争执起来，各不相让。庄子说："你们俩都对，也都错了。对的是选择，你在鸭子上选择的是有用长寿，你在木头上选择的是无用长寿；错的是你们把鸭子和木头的选择扩大化为所有场景中的选择。"

是啊！生活从来是不同的，时时变化着，我们不能简单地回答有用长寿还是无用长寿，我们要根据每个场景来选择。有的时候有用长寿，有的时候恰恰相反。由此，我不由得想起了一个发生在自己身上的故事。

开学了，在师生见面会上我严肃地提出了要求："读研究生的几年时间里请大家不要玩物丧志！什么是玩物丧志呢？手机分分钟不离手，女同学看电视剧到深夜，男同学玩网游到黎明，还有一点时间就是彻底地谈一场恋爱。在特殊的时间里，务必对自己进行更严格的管理。"接着，我话锋一转："对于老师来讲，我倒是觉得可以玩物养志。"一边是"不要玩物丧志"，一边是"要玩物养志"，有没有搞错啊，互相矛盾！看着同学惊讶不解的表情，我继续说下去："浙大的老师都太辛苦，神经绷得太紧了，需要适当放松，游山玩水一下，修身养性一下，为的是可以更好地投入工作。何时适用玩物丧志，何时适用玩物养志，根据对象、场景而变。"

构成认识世界的命题有两种：一种是事实命题，如 1＋1＝2，地球是围着太阳转的，金立是老师……这些判断有固定的答案，不容多样性；还有一类是价值命题，如这朵花漂亮，金立的课上得好，美比善更重要……这类命题涉及价值、偏好、审美、评价，所以没有固定的标准，因人而异。哲学从来不想固定地给出确定性的观念，只是想把各种不同的观念连同观念产生的理由和招致的结果清楚地呈现出来，至于选择哪一个，正所谓“萝卜青菜，各有所爱”。选择是自由的，但结果必须是明晰的。

这一类命题就常常会以一种极端的方式被提出来，如投资理财。关于投资理财，两种对立的观点同时存在：要/不要把鸡蛋放在一个篮子里。放在一个篮子里风险就一定大？分散就一定小？投资风险小了也就意味着回报小，投资只看重分散风险吗？没有定论。在决策过程中，我们会说“少数服从多数，因为必须顾忌大多数人的选择”，反之，有时候又会说“多数服从少数，因为真理总是掌握在少数人手里”。到底哪个对？还是没有定论。其他还有：节俭带来富足/奢侈带来富足；富人多了，穷人变得更穷/富人多了，穷人变得更富；脑袋决定口袋/口袋决定脑袋……

老子说：“知其白，守其黑，为天下式。”这也是二十世纪存在主义大师海德格尔非常欣赏的一句话。白与黑，相互依托。雨果说：“黑夜是什么？是白日的证明。”荷尔德林的诗句是：“他递过来一只芬芳的酒杯，里面装满了黑暗的光明。”

逆向联动，辩证分析；将心比心，换位思考——这不仅是态度和胸怀，更是认识高度的体现。

逆向联动之：龟兔赛跑的实践启示（上）

逆向联动之：龟兔赛跑的实践启示（下）

第14讲

横向联动之：从模仿到类比到新组合

所谓横向联动就是由此思彼、举一反三、触类旁通。这是一种立足于事物与事物的相似之处而建立起来的高效思维。它在人类的发展、科学的探索以及现实生活中普遍发挥重要的作用。**横向联动首先表现为模仿、学习和借鉴**。

杭州一直是旅游文化名城，目前杭州的旅游也是一张烫金的名片。实事求是地说，过去杭州一直在旅游上动脑筋，但变化是不明显的，用一句通俗的话来讲，“螺蛳壳里做道场”，没有太大进步。为何？思路限制了出路吧。但是，从九十年代开始，旅游思路有了巨大的改变，旅游业发展了，也极大地推动了整个杭州的知名度和美誉度的提升。到底是怎样的原因促使了这样的变化呢？那得从一次考察交流说起。九十年代中后期，市委领导带队前往广州考察，大家对广州的旅游收入竟然达到杭州的两倍表示了极大的质疑。为什么？自古有云：“上有天堂，下有苏杭。”广州是靠什么诀窍把旅游做上去的呢？了解以后才知道，不是因为别的，就是因为广州人对旅游具有独特的理解。广州人认为，传统上把旅游看成是游游山、玩玩水是不够的，已经不适应我们时代的发展需求，需要从三个角度理解旅游：景点旅游、商务旅游、会展旅游。景点旅游是基础，在此基础上结合当地的优势开展商务活动如以考察为内容的旅游，旅游与经济之间可以更好地互相推动，最后就会滋生出以各种别具一格的会展为内容的全新旅游。这样的思路，今天看起来不算什么，但是在二十年以前，是全新的。杭州的领导理解了，茅塞顿开，回到杭州，紧锣密鼓地开会讨论，讨论的时候有三方一起参加，分别是：政府各相关部门，相关旅游文化企业，还有就是高校教授。热烈讨论之后提出了全新的旅游思路，那就是："三种三层"的旅游思路。"三种"就是景点、商务和会展。由此，有了西博会、休博会、动漫节、童玩节，延续到今天就是2016年G20（二十国集团）峰会的召开和之后的大运会、亚运会。"三个层次"分别是指：核心层，围绕西湖展开，做精做细做品牌；周边层，对于从杭州坐1个小时汽车可以到达的地方，政府结合企业利用当地的自然和文化，开发大型主题性公园，未来世界、杭州乐园、西溪湿地等都是这个思路的产品；外围层，对于3个小时能到的地方，如绍兴、宁波以及整个浙江被纳入旅游外圈，为此，道路、高铁和机场的建设是必不可少的条件。**思路决定出路**。这样的旅游思路的提出具有时代意义，使得杭州的旅游走上了快速道。总之，杭州旅游是在学习广州理念的基础上做了个性化的发展。这便是典型的横向联动思维的呈现。

一位浙江的企业家曾经在课堂上与大家分享他的经验，他说："我出来学习无论是考察还是听课，都会随身带个本子，可是你们会发现我不怎么记录，我记的是三样东西，因为我觉得它们于我最重要：一是几句理念。**理念决定做法，理念指导人生**。人与人不同，企业与企业不同，归根到底是生活的理念不同，做企业的理念不同。理念是企业家精神的核心，好的理念终身有益；二是几个方法。做事情要找方法。**办法总是比困难多**。方法因为抽象而具有普遍适用性；三是几个小故事。**故事最能感动人心，触动心灵**。一个好的故事或许比一句理念更有影响力。如果把这'三宝'学到了，我觉得就足够了。每到夜深人静，我就会围绕'三宝'好好想想我该怎样把它们落实到管理和人生上，我觉得学习是促进了我的成长的。"

模仿和借鉴的既可以是具体的做法，也可以是抽象的观念。出发点是两者之间的相似处，由此，从思维进程上讲，横向联动是类比性的，具体刻画出来就是：

> 因为A事物具有a，b，c，d的性质，
> B事物具有a，b，c的性质，
> 因此，B也可能拥有d的性质。

这里隐去了一个重要的环节：推理者认为A与B具有相似性。因此，类比思维是一种基于两个事物具有的相似性、从个体到个体的横向驱动的创造性思维，不具备必然性，而是或然性的，也正是因为是或然的，才可能是创新的。反之，演绎思维因其的必然确定性，因而使得一切结果都蕴藏在前提之中，无法创新。正因为这种与生俱来的创造性，类比思维在科学发现中起到了特别重要的作用，正如法国哲学家福柯提出了知识型概念并明确指出早期的知识型是类比性的。下面我们看几个例子：

> 先看中国木匠祖师爷鲁班，他发明锯子，运用的就是类比推理思维。有一天他的手指被割破了，他一看，草很软，却

有齿轮，于是就想：丝茅草叶扁平长条，两边有齿，锋利，能割物；铁片扁平长条，两边有齿，锋利，也一定能割物。同样，鲁班的一只鞋子落到了水里，奇怪的是居然没有沉下去，鲁班不懂浮力的原理，他想的是：一是空心，二是不漏水，空心又不漏水，就不会沉到水底去了。于是，仿照鞋的样子造了一只可供出海打鱼用的木船。

再看一个西方的医学发展的例子：奥地利的医生奥恩布鲁格看见经营酒业的父亲在估量桶内的酒量时，常常用手指关节敲叩木制酒桶，凭着叩声的不同，他的父亲就能估计出桶内到底还有多少酒。由此而引起了奥恩布鲁格新的思考：人们是否也一样可以根据手指敲叩病人胸部发出的音响的不同而对胸腔做出诊断呢？循着这条思路，奥恩布鲁格开始观察病例和进行病理解剖，探索胸部疾病和叩击声音变化之间的关系。经过大量的试验和研究，最后写出了《用叩诊人体胸部发现胸膛内部疾病的新方法》的医学论文。通过不断的医学实践，叩诊——在诊断胸腔病情时医生普遍运用手指敲叩患者胸部和背部的方法，终于在十八世纪中叶，成了现代临床医疗常用的诊断方法之一。奥恩布鲁格发明“叩诊”的过程，是典型的类比思维。

类比思维不仅有助于科学发现，还直接服务于经济实践。我国新疆塔里木河流域过去并不生产长绒棉，现在却能够生产出高质量的长绒棉。原因何在呢？原来，一次我国农业专家前往乌兹别克斯坦考察，发现该地区生产长绒棉。有的农业专家认为，乌兹别克斯坦与我国新疆塔里木河流域在日照情况、霜期长短、气温高低、降雨量等方面均很相似，既然乌兹别克斯坦能生产长绒棉，那么，我国新疆塔里木河流域也应当能够生产。后来经过实验，长绒棉果然成功地被移植到我国新疆塔里木河流域。这里所运用的便是类比思维。其推理形式如下：

乌兹别克斯坦与我国新疆塔里木河流域在日照、霜期、气温、降雨量等方面均很相似，

乌兹别克斯坦能够生产长绒棉，

所以，我国新疆塔里木河流域也应当能够生产长绒棉。

此外，生活里处处存在类比思维：橡皮擦除书写错误与锄头除草、翻斗车运走泥土等相似；吸尘器吸掉地板上的灰尘与洗碗机清洗碗碟等相似；玻璃清洁剂清除玻璃上的污垢与百洁布擦洗锅上的油污、汽车清洁剂除去汽车上的脏物等相似；清洁工清除垃圾与房屋看管人清除草坪上的野草等相似。概括言之，上述都是去除某样东西的产品和设备。

如前面提到过的，类比推理在今天的生活世界的直接作用就是产生企业间、个体间、国家间等两个不同对象之间的横向联动思维，常常表现为学习、借鉴与交流。学习借鉴是创新的高效途径，但是，如果不加思考地一味借鉴就会沦为没有丝毫创新的模仿甚至是倒退。我有时候会感慨地说"中国无小镇"，因为我们的小镇都是新盖的，不是自然留存的，留存的要一模一样太难，新盖的要不一模一样更难。大家觉得乌镇好，都来学习，结果全国小镇不仅风格差不多，连特色小吃也没有太多特色。反之，横向联动是一种极有创造力的思维，如果学习借鉴得合理高效，就会事

半功倍，如杭州“宋城千古情”在演艺旅游上一马当先，至今仍然久盛不衰，是学习美国拉斯维加斯秀的形式而赋以中国特色的结果。由此，成也类比，败也类比。我们在运用类比思维时需要注意什么呢？对类比推理来说，提高结论的可靠性程度就显得非常重要。那么，如何提高结论的可靠性呢？这是用不同方式提出的同一个问题。

第一，前提中类比对象间相同或相似属性越多，结论越可靠。第二，前提中类比对象间相同或相似属性与推演属性之间的联系越密切，结论的可靠性程度越高。意思是说，我们要挖掘相似点，增加相似度，还得分析这些相似点是否是促成结果的关键性因素。如果是，借鉴的合理性强；如果不是，就得谨慎。结合现实就是，两个人之间如果共同点越多，而且是重要的相似点越多，越可以被借鉴；两个企业之间，只有充分地挖掘出两者的本质相似，才可以大胆地去学习和借鉴甚至模仿。由此，要建立适用今天中国的哲学，一味地照搬西方理论看低自己也是不正确的，因为西方与我们有太多的不同，不同的历史发展过程，不同的宗教和人生观，还有不同的思维。只有建立在理性分析东西方异同点的基础上的学习，才是卓有成效的。最近，杭州的云栖小镇上了人民日报海外版，因此学习考察者如云，但是，它具有可复制性吗？不要说别的城市，杭州也很难再复制一个。目前全国谈创新，学习杭州，学习深圳，我想问全国有几个城市具备杭州跑在创新前列的条件：浙大系，名校的人才核心作用；阿里系，巨无霸企业的创新孵化器作用，阿里孵化出了多少创新的人才和企业；海创系，这些年省政府一直加大力度引进国际人才和国际知名企业；浙商系，现在排在最后，因为它首先需要自己完成转型升级。除这样的人才和科技条件外，文化名城的文化牌，江南水乡的环境牌，还有便利的交通、强大的经济实力以及开放求新的心态等。不清楚地看到这些关键因素，如何学习和借鉴？如何用横向联动来指导我们的工作呢？

事物之间的相似点是横向联动思维的基础。由相似点出发将不同事物加以叠加或重组从而产生全新事物的组合模式可以看作是横向联动思维的现代发展，在当前的创新实践中发挥着很大的作用。**新组合如果用公式来呈现的话，就是 1 + 1 + 1 + … + 1 = I**。前面的1都是个体局部的，而等号后面的I是罗马数字，是为了与前者区分，它是一个全新的1，一个整体意义上的1。

首先，看看学术研究领域。二十世纪学术研究出现了明显的跨学科的交叉研究，跨学科的交叉研究的出现，有两个方面的原因，一个原因是各个学科各自经过了长期的研究，达到了一定的高度。如果某一个学科自身研究达不到一定的高度，它是没有办法跟别的学科进行交叉和互动的，这是学科自身发展的结果。第二个原因是我们的研究更多地关注了现实世界，现实主义的精神激发了学术研究领域的跨学科研究。比如说要实现阿波罗登月工程，这被誉为二十世纪的科学家工程之一，那不是一个单一的学科可以解决的，而是必须将许多不同学科的最棒的科学家整合在一起，用团队的力量去完成这样一个宏大的自然科学的问题。那么，同样要解决一个社会问题，难道是一个单一的学科可以做到的吗？也做不到。曾经，我们在微信上讨论过一个问题，也是当时的一个热点问题：马化腾投资了摩拜单车，马云支持的是OFO“小黄车”，这两者之争你如何看待？共享单车，到底让谁来谈？我们四位来自不同领域的老师从各自熟悉的领域一起谈了起来：我是做哲学的，另外三位分别是经济学的专家、互联网技术的高手、知名产品开发经理。我们四个人一起谈论共享单车，讨论得非常热烈。要将共享单车这样一个问题真正说清楚，恰恰需要这样一些具有不同知识背景和研究经历的人共同来探索，否则只有一个学科很难说得清。曾经，我写过一篇文章专门谈在杭州发生的高端小区保姆纵火案。我是从哲学的角度谈这个案子给我们带来的社会思考，就在同一时间，一个法律专业的老师写了一篇关于纵火案的法律责任的文章。哲学，法律，这一刻因为同一个事件而互补起来，这是我们需要的。其实，关于纵火案，我认为还需要社会学、建筑学、公共管理等专业的学者一起来讨论，这样才能更透彻，为现实生活带来更多有益的启示。正是因为学术研究关注了现实世界和现实生活，使得学术研究具有了强大的动力。科技就是生产力，这不是口号，是实实在在的行为。

其次，**新组合是产品创新的一种重要方式**。关于这一点，苹果手机是再好不过的例子。苹果手机很明显具备了因组合而产生的巨大魅力，这种组合是从两个层面完成的。第一个层面就是在功能组合的需求下所产生的一种非常了不起的新创意。怎么理解呢？在苹果手机产生之前的那个时代，有两样产品备受瞩目：一个是随身携带的很小巧的手机（现在我们称它为传统手机），而手机的前身是大哥大，大哥大的前身是固定电话，从固定电话到大哥大，再到后来我们拿在手上非常小巧玲珑的手机，手机不断地走向便捷；还有一样产品伴随着我们的生活，那就是随身携带的笔记本电脑，笔记本电脑正是因为它的便捷性获得了大家的青睐。笔记本电脑的前身是台式电脑，台式电脑的前身是硕大的大型电脑，从大型机不断地走向了微机，最后到笔记本电脑，它所呈现的趋势和手机是一样的，就是不断地走向轻便。当我们看到一台笔记本电脑时，延续上述趋势去想：

为了让笔记本电脑变得更轻便，但又要适合操作，那自然就是把键盘去掉，所以出现了 Pad（平板电脑），这是必然的趋势。但是 Pad 也只是一个阶段性的产物，不是终结。如果要做到更彻底的便捷，那就是将手机打电话的功能和用电脑看世界的功能进行结合。这是多么了不起的大胆创意。其实，我们回想一下，当时的手机似乎发展到了一定的尽头，它一直在尝试着向互联网去延伸，尝试运用互联网，但做得不理想，这与技术本身有关系。可见，将电话和电脑的功能叠加在一起而形成一种极其强大的沟通和认知功能就得完成一次彻底的组合，一台全新的手机呼之欲出。这一大胆的创意，极大地体现了人们对便捷性的追求，而便捷性从头到尾都贯穿于整个人类发展的历史，是一股强大的涌动的暗流，激发着人类的创新和发展。也许人们没有直接感觉到，但它一直在发挥作用，这是我想讲的第一个层面的组合。

第二个层面的组合是技术的组合。如果我要做这样一个集电脑和手机于一体的新产品，那么我要组合哪些技术，借助哪些技术，把它们完美地组合在一起呢？带着这样的问题，苹果公司需要对技术进行深度挖掘。众所周知，一台智能手机集中了太多的复杂技术，而这些技术对于生产手机的企业来讲，它只是一个广度和深度的融合。第二个层面上的技术的新组合，不只是苹果公司尝试过，只是苹果公司率先成功了。面对做这样一种技术的融合，以你理性的认知，是由手机去融合电脑更容易呢，还是由电脑去融合手机更加具有可能性？我认为当然是后者！

正是在功能和技术的双重组合下，共同促成了一台智能手机的诞生。智能手机宣告了一个时代的到来,同时也将这种新组合的创新思维演绎到了极致,而这种思维从来不会因为智能手机的出现就宣告结束。在我们今天的生活世界里,创新会一直继续前行,1＋1＋1＋…＋1＝I的新组合也一直在发挥作用:看书＋交流＋咖啡＝书吧,美容＋美发＋健康＋保健＝养身会所,煮饭＋煲汤＋做西点＝多功能电饭煲,洗衣＋烘干＋熨烫＝智能洗衣机,传统服务＋最后一百米的柴米油盐＋金融、教育、文化娱乐服务＝物业管家。这些新事物不都是组合的结果吗?

二十世纪法国结构主义大师罗兰·巴尔特说:“**分解真实的事物,然后将他们重组**。”是否对我们的今天有着一种预示呢?熊彼特在《经济发展理论》里面开宗明义地提出:**创新就是建立一种新的生产函数,实现生产要素从未有过的新组合**。直接将新组合的思维模式等价于创新,未免有点简单武断,但是,与直观的模仿或抽象的类比相比,活跃中的新组合,的确强烈地彰显了横向联动在今天的价值。

横向联动之:模仿和类比
——杭州旅游新思路

横向联动之:
新组合

第15讲

多样性之：从“一块红砖”到二十世纪

如果提出问题：“红砖有什么用？”成年人马上会说：“砌墙啊。”“还有吗？”“盖房子。”“还有吗？”“红砖就是拿来砌墙盖房子的，还能有什么用？”如果你觉得没有别的答案了，那么，请问问您的孩子吧，看看他怎么回答。

孩子会说：“天冷风大，可以拿来挡风；不够高时可以垫脚；可以玩推倒一块就全部倒下的多米诺游戏；可以当哑铃来健身；可以用它在地上写字画画；遇见坏人可以当武器防身；可以当砝码比轻重；可以利用它做垂下直线来把墙砌直；可以灭火；可以当乒乓台网和足球门；可以练气功；可以节约抽水马桶的用水量；可以当打人伤人的武器；可以当镇纸防止风翻动纸张；可以玩杂耍；可以做粉末颜料；可以磨刀；可以做化工原料；可以当榔头；可以做凳子；下雨地湿可以防滑；可以腌咸菜；可以沉物，敲击，投掷，拼图，乐器，雕刻……”太多太多，无穷无尽。家长面对如此活跃的思维，只有感慨是不够的，要反躬自问：“为何生活经验越来越多，体验越来越多，答案却少得可怜？”原因是思维长期固化单一了。一旦我们突破了这种单一的固定思维，丰富多彩的答案就在眼前。

如果细细分析一下孩子的答案，是有脉络可循的。从砖块的形状出发，可以引申出作为建筑工具、垫脚工具、多米诺骨牌等各种用途；从重量出发，可以想到作为砝码、腌菜工具、武器等不同用途。从硬度，从颜色，从化学性质，从碎状，粉末状，从黏度，从吸水性，从教具，从艺术，从历史文化，从音乐，从象征，从价值，从物质等出发，都可以想到孩子的答案，关键就在思路的打开上。**用途思路一旦打开，各种想象就雪崩似地涌现，发散思维由此没有尽头。**

与此相似，我们不妨再进行一些思维训练：铅笔有什么用途？玻璃缸就是用来养金鱼的吗？经历了上面的红砖训练后，大家会说铅笔除了写字、画画的主要功能外，还可以当礼物、纪念品；无聊的时候可以咬着玩；可以当筷子；必要时可以防身；立起来可以当水平仪；穿进墙里可以挂衣服；可以当燃料；可以拿在手里转着玩儿；因为绝缘，可以用来碰电门；铅笔芯磨成粉后可作润滑粉，削下的木屑可以做成装饰画；可以充当眉笔；可以做记号；可以把芯拿出来吹泡泡；笔芯可以润滑锁头；手拿不到的东西可以用铅笔帮忙；生气的时候可以发泄；可以让小朋友用来学习加减法；鞋底卡了个石子可以用铅笔拨出来；可以当竹蜻蜓游戏下面的杆；两支铅笔一端固定可以当圆规；把铅笔截成一段一段的，抽去笔芯，拴上绳子，可以做成风铃、门帘等等……原来，一支铅笔有那么多的用途，好伟大的铅笔。其实，伟大的不是铅笔，而是人的多样性思维。在这样的思维引导下，玻璃缸当然不只是拿来养金鱼的了。它还可以养植物，水培的吊兰、绿萝处处可见，还可以养乌龟，可以点蜡烛，如果造型漂亮，里面什么都不用放，本身就是装饰品。

人常常会因为生活的经验而将一个事物的主要功能直接视

为全部的功能，比如碗是用来吃饭的，书是拿来学习的，沙发是拿来坐的……这些没有错，但是会导致功能简单化、单一化以后而将其他功能自动丢弃，忽视了大量的可能性，浪费了大量的资源，更重要的是，极大地影响了创造力。遵循事物的主打用途又不局限于此，资源才会得到充分利用，生活也会因此而丰富多彩。

同理，在做事情、解决问题上，人们也会习惯和直观地选择一个常规做法和主要方法。例如，一直以来打扫卫生的方式是用扫把扫、拖把拖，这是一种将垃圾集中起来再扔掉的做法，这当然是有合理性的，并且非常直观。但是，只能这样吗？显然不是。如果灰尘很多，相对于扫的方法，一开始就把灰尘吸掉似乎是更合理的，吸尘器由此产生。一个扫，一个吸，有科技发展导致的先后，却不存在确定的好与坏，各有利弊地为我们提供了选择性。请问，现在愿意在扫把和吸尘之间变换选择使用的人有多少？都已经二十一世纪了，许多人固守着传统的扫把和拖把，说明了我们思维的单一性问题是严重的，思维的开放性仍然不足，影响了创新和发展。在搞卫生上，可以自己做，也可以家政做；可以人做，也可以机器人做，家庭卫生机器人的性能越来越好。在家务劳动上，科技发展提供了越来越多的是可能性，而不是唯一固定的结果。家务机器人完善了难道就把家务全部交给机器人了吗？它只是给我们提供了一种可能。就我自己而言，面对这么多的可能性，我会灵活地选择、转换，为的是营造生活本身的美好。

从红砖有什么用开始问起，到铅笔，到玻璃缸，再到家务劳动的扫把与吸尘器，自己做和家政做，以及未来机器人做还是人做。我想表达的是：**生活、制度和知识，一直以一股强大而无形的力量**

规范着每一个人，把人们变得观念越来越相似，思维越来越单一，生活越来越外在化、符号化。由此，一个理性的人需要具备一种意识，淬炼一种能力：让自己从固化思维里走出来，努力实现思维的多样性。由此，你将获得的是丰富的心灵和有趣的灵魂，你将具备更大的自由和能力去自在地生活。

如果我们从日常生活世界跳出来，进入一个更大的领域去讨论多样性的话，对我们的理解必然产生更多的裨益。面对二十一世纪五花八门、光怪陆离的多元化世界，让我们看一看刚刚过去的二十世纪吧。毫无疑问，这是一个极具创新能力的时代，一百年对世界的改变和影响是上千年都很难企及的。如果让你选一个特征来概括这一百年的创造，是什么？多样性！毋庸置疑。

首先，二十世纪的科学建立在多个理论基础之上，简单来讲，当爱因斯坦提出相对论的时候，哥本哈根学派执着于量子理论的探索，而几百年以前的牛顿力学并没有销声匿迹。这个时代的科学家具有了极大的宽容，可以让这些相互之间不一致和更新的理论同时存在着，共同成为奠定科学发展的基石。这在以往是不可想象的。这样的宽容是源自几百年以前伟大的康德，科学探索无非也是做梦，只要按照理性去筑梦，你的梦、我的梦可以一起存在。这样的宽容源自深刻的理性反思，对人类认识能力的反思，人们不再趾高气扬，不再自以为是，不再认为无所不能，对自我能力的限制恰恰是对能力的发展。这样的认识基础事实上极大地加速了科技的发展，从曼哈顿原子弹工程，到阿波罗登月工程，再到人类基因组计划，从七十年代以计算机为主导的信息科学，到八十年代以纳米为基础的材料科学和以基因为主体的生命科学，什么时候停止过，什么时候减少过创造的尺度和强度？科学基础的多元化，为二十世纪的科技发展提供了前所未有的动力。

其次，在文化艺术领域呢？**如果说文艺复兴是西方艺术文化的一段光辉岁月，创造了几个不朽的巨星，那么，二十世纪创造的是一片星空，群星璀璨**。从哲学层面看，流派之多，前所未有，有分析哲学、语言哲学、现象学、解释学、结构主义还有解构主义……现代主义以琳琅满目的方式覆盖了一百年的艺术文化。打个比方，你家要装修房子，你自己出谋划策来布置家里的墙面。客厅我们往往会选择色彩明快的印象派画作，明亮的色彩和野外的风景比较符合年轻人的偏好，但是我们知道，印象派是从十九世纪三十年代开始一直延续并伴随着第二次工业革命的，它不是二十世纪的，但是，二十世纪兼容了它；卧室，我们会比较偏好古典画法的作品，例如《蒙娜丽莎的微笑》这样将对象画得栩栩如生、有明暗透视感的画作，庄重而典雅的风格比较适合卧室，这更不是二十世纪的创造，但这个时代同样兼容古典，正如相对论诞生了并没有把牛顿力学放进历史的垃圾桶；或许到了书房，我们迫切需要选择一个代表二十世纪的作品，我建议你选一幅现代主义的作品吧，线条、色块、图案的整合，不知道画的是什么，什么也不像，但似乎又可以有无限想象，这就是抽象主义，西方的抽象主义与中国传统的书法是有相通之处的。如果你觉得太抽象了，也可以选择一幅稍微具体形象一点的，看得出是一个人的脸，但现实中的人脸不会如此夸张，看得出是一座房子，可是这个房子是站不住的……这样的画作是立体派，现代主义大师毕加索就是立体派的创建者。接下来，我们要进入孩子的卧室，你可以选择达利的画，他的画是在超强的想象力之下对现实的超越，一个人站在一只小鸟上，小鸟展翅飞翔；一座房子长在一棵大树上；一个人的头上开出了满枝的鲜花……这怎么可能？当然不可能，这就是超现实主义。这样的画作，大人看不懂，但孩子看得懂，不信，你就和孩子一起看看达利的作品《爱丽丝梦游仙境》，检验一下自己和孩子基于想象力之上的理解力吧。如果你说："这样的画太需要想象，我想要一幅更可爱温暖的如童话的儿童画，可能吗？"没有问题。西班牙画家米罗是一个掌握了高超传统绘画技法的大师，但是他一度沉迷于画"儿童画"。看了之后，你或许会说："这我也会画，我儿子也会画。"米罗会说："好啊，那你和孩子就一起画啊，我想告诉大家的就是，每个人都是画家，儿童是最棒的画家。"如果你还不满意二十世纪现代主义艺术的丰富性，那么你还可以去研究一下充满了色彩刺激的野兽派，以未来为题材的未来主义，用身体当素材的行为艺术，用啤酒瓶、塑料纸、火柴盒等等做材料的装置艺术，以及拿着一桶颜料以百米冲刺的速度冲到一面墙前把颜料泼到墙上的作画方式。或许以前我们会因为不理解而给其贴上"脑子有问题""艺术家都是疯子"的标签，不断走向世界的国人应该能慢慢地理解起来：画一定要画吗？当然不是，中国早已有之：泼墨山水。你见过每天泼一盆颜料，一年下来墙面会发生怎样的变化吗？如果没有，那就和我一起实验吧。"一起实验吧"这句话，说出了现代主义运动的特质。虽然二十世纪的现代主义五花八门，琳琅满目，但是宗旨是同一个：**彻底地颠覆传统，把艺术的权利交还给每一个人，用实验的方式开拓新的领域**。这样的一场运动，开辟了宽阔的道路，也极大程度上解放了人，给予每个人丰富的个性。只有当每个人都成为独立的个体，艺术文化才有价值，才可能实现更大的突破和创造。

一直以来，我对二十世纪的创造在多样性上的精彩诠释致以崇高的敬意，这是一股强大的理性和感性汇集起来的力量，颠覆着传统，演绎着各自的精彩和生命的动能，自然也就伴随着社会走向多元化。**当 AlphaGo 战胜柯洁的这一刻，我突然明白了，这一场浩浩荡荡的多样化的革命不仅仅是为了丢掉枷锁从传统的桎梏里走出来，更是为了迎接人工智能时代的拐弯做准备。人工智能用高超技术的姿态颠覆的是实用主义和技术至上的观念，这一刻，人，作为有着丰富的高贵心灵的人，不得不重返现实。**

多样性，生动性，原本就是一回事。多样性，个体性，创造性，都是一回事。

多样性之："一块红砖"有什么用

多样性之：群星璀璨的二十世纪

第16讲

多样性之：从情人坡到《题西林壁》

浙江大学玉泉校区，是我最喜欢的校园。背依老和山而建的玉泉，郁郁葱葱的树木掩映中红砖的房子，历史感、书卷气，油然而生。喜欢玉泉校区还因为，我喜欢建筑，喜欢看房子。在我看来，玉泉校区很好地体现了中国建筑的风格。

中国文化讲究一个门庭，讲究中轴线和左右对称。浙江大学玉泉校区的校门处于整个校园的居中位置，校门口的道路呈现丁字形，面对两条纵横交错的大路，尽显风范。走进校门，左右两条道路对称展开，中间是精致而又不失错落的绿地和花园，毛主席高大伟岸的雕塑、竺可桢老校长的雕塑等井然有序地布置于中轴线上的花园里。教学楼一幢一幢沿着左右两条道路展开，一边是单数，一边是双数，中间有几条横的道路将其连通。由于玉泉校区是沿山而建的，所以一进校门就在爬山，只是因为坡度小，道路宽阔，没有特别感觉到是在登山。走着走着，左右两条道似乎都到了尽头，一座校园的标志建筑醒目地横向矗立在正前面的中轴线上，那就是图书馆。左右展开的道路和中心延续不断的绿地还有上面的雕塑，这一刻全部汇集在这一点，似乎告诉我们：篇章到此结束。在图书馆这里终止，似乎也是符合一所大学的性质的。

大部分人都觉得篇章到此结束了，其实不然。如果我们真的了解中国文化，真的懂得中国文化浸染下的中国建筑，我们就应该提醒自己，这仅仅是第一个篇章。图书馆只是一个屏风而已，屏风后面遮挡着的才是最曼妙的风景。相对于西方文化，中国文化会更曲径通幽一点，它习惯用婉转的方式来表达，建筑是表达的一种，自然不例外。

想清楚这一点，只要自己继续往前方看去，就会发现左右两条路都没有断绝，只是各自都缩窄了许多，坡度陡了许多，篇章进入了变奏。继续走上去，你会发现最美丽的风景：一片平缓的山坡由一个个大小不一的小坡绵延组成，山坡上错落有致地种着校友树。远方，是白云飘飘的山顶。第一次看到这一切，我惊艳了：**“原来，美真的是给有探索的人的**。”这片山坡上的一个小坡中心有一棵特别漂亮的树，亭亭玉立地构建着山坡的生动和曼妙，树下有两块石头，似乎是为约会恋爱的情侣准备的，这是我最喜欢去的地方，我给了它一个名字：情人坡。

只要我有玉泉校区的课，往往就在情人坡边上的教学楼上。我会提早去，在那里慢慢吃早餐，或者下课有时间的话，也会去安安静静地坐一坐。有一天，我看见了一对母子坐在树下聊天。妈妈说：“秋天到了，树叶纷纷落下了，但还是那么美丽，我要把它们记录下来。”一边说，一边拿着铅笔在纸上认真画着。她是想启发孩子。“妈妈，你知道吗？每一片树叶都会落下，因为一共有三个力量在起作用：重力、空气阻力和风力。”孩子没有接着妈妈的思路，有点得意地说。我在旁边静静地看着，不同时代在人身上的不同影响所导致的冲突，在这一对话不投机的母子之间出现了。妈妈想启发孩子的审美和情怀，但孩子从小到大接受的是知识教育，满脑子的知识和由此成长起来的理性，在他心里，文化、情怀无法取代知识的位置。矛盾已经出现，会怎样继续下去呢？“读了书，学了知识就是了不起，懂了那么多，我们小时候没有那么扎实和系统的知识教育，妈妈常常遗憾。”妈妈不仅没有生气地责备孩子，反而真诚地表扬了孩子。儿子被妈妈这么一表扬，不好意思起来：“妈妈，这不算什么，这是我们物理课上学的，所有同学都知道。倒是你画得那么好，我很羡慕，等我空下来了我也要学学画画。”矛盾化解了，靠的是从母亲开始的理解和宽容。如果母亲完全从自身出发的话，很可能会这样说：“你以为学了点物理就了不起了？我在跟你说美不美，不是什么力。”这样一来，就糟了，孩子也许也会同样愤怒反驳：“知识就是力量，知识就是了不起……”这样下去的结果是：喋喋不休，没完没了，不欢而散。

我一直默默地站在边上静静地听着，默默地为他们叫好。我们需要两只“眼睛”，**一只“眼睛”用科学知识看到世界的本质和规律**，在这个故事里就是孩子瞬间看见三个力的“眼睛”，这只“眼睛”很重要，没有科学知识就没有理性和规则，就失去了捍卫自己的主权和尊严的能力。中国屈辱的近代史输掉的是什么？当然首先是科技。但是，还有一只“眼睛”，它同样重要，那就是**发现美好激发情感和情操的眼睛**，就是妈妈的“眼睛”，看见秋风中翩翩落下的树叶，感动得要把它们画下来，看见了知识教育下的儿子的骄傲情绪，不仅没有指责而是称赞，背后是宽容、尊重和善意。这只眼睛呈现出的是精彩曼妙的世界，用审美和艺术增加着生活的美好，这是一只更多服务于心灵的“眼睛”。这只“眼睛”在妈妈身上呈现出了**温柔的力量**，恰恰是知识教育下的孩子需要增加的。虽然中国因为科技的落后输掉了近代史，但是，她的文化和艺术博大精深，什么时候可以视而不见甚至完全丢弃？我们有歌颂生命的唐诗和抒写情感的宋词，还有把情感和社会刻画得如此细腻复杂的《红楼梦》，我们有雨后天青色的汝瓷，有颜色少到只有黑白的水墨山水画，有空白线条流转下的书法，有“夕阳在天，人影在地”的嵇康的绝响《广陵散》……这些，世界文化什么时候可以忽略？缺少了中国文化，初发芙蓉的美丽失去了源头，这是多大的遗憾。更为遗憾的是现在有多少中国人面对一幅书法、一尺山水画、一曲古琴仍能够从心底产生共鸣而感动？在快速的物质追赶和科学发展的今天，相比较而言，审美和情感的“眼睛”是我们极为欠缺的，也正是因为欠缺，又被迫一股脑儿地投入到物质的追求中。

一个人只有拥有了两只“眼睛”后，他才会更幸福、温暖和健康。一个民族只有注重国民的两只“眼睛”一起培养，才能铸就一个健康的民族。记得美国哲学家教育家杜威在二十世纪二十年代出版的《哲学的改造》里所说的：“一个民族如果只有人文精神而不注重科学精神的培养的话，它最终无力捍卫自己的主权和尊严；反之，如果只有科学精神而不注重人文精神的话，那么，国民极容易变成只有功利主义、物质主义而失去精神和心灵的空乏的人。”因此，从健康的人出发，教育必须走的是折中的路线，将两者结合起来，那就是：科学精神与人文精神的结合。

这样的声音，发生在将近一百年前的美国，我想，同样适用于今天的中国，乃至每一个人。**科学精神与人文精神的结合，符合心灵的多样性特征和认知世界的复杂性需求**。从多样性出发，才可能构建每一个人的心灵。杜威让我想起了苏轼，那首脍炙人口的《题西林壁》让我顿悟了人生的座右铭：**感性生活，理性思想，用**

哲学看世界。感性与理性的关系不就是科学精神与人文精神结合的另一个版本吗?

这是我非常喜欢的诗:“横看成岭侧成峰,远近高低各不同。不识庐山真面目,只缘身在此山中。”这首诗不是以写景见长,也不是言志向之远大,亦不是“一切景语皆情语”的情感诗,这首诗以哲理见长,是作为哲学家的苏轼的人生观和世界观的自然流露。一座山横看侧看,远看近看是不同的,尽管只是一座山。事物本身在某一时刻没有变化,但是随着看的角度不同、位置不同,看到的景色也不相同,这就是经典的中国美学中的移步换景法。这就是“横看成岭侧成峰,远近高低各不同”的意思。中国美学不追问普遍的本质,强调的是在某一具体场景中的特殊感受;不追问恒定的规律,强调的是审美的多样性。这本身是很符合审美体验的。这两句诗,传达了苏轼作为一个旁观者在外部对山的考察,体现了对世界的多样性的变化的理解。

苏轼是不可能只是在山外部看山的,尽管换了不同的角度,看见了各种不同的风景。作为一名哲学家,世界观直接指导的是人生观;作为一名艺术家,只有远距离的考察是不够的,还必须深入其中去体验,去感受山风、山泉、山歌……山的一切。就算是把山在每个角度上的风景都看过了,也无法说出一个人对山的切身的体验,正如一个没有吃过苹果的人,再怎么观察苹果,再怎么获得有关苹果的百科知识,都无法获得苹果在手上的温润触感和咬一口苹果后嘴里的香甜。

生命不仅需要有距离的观察,还需要切身的体验。接着,苏轼说“不识庐山真面目,只缘身在此山中”。我不了解庐山的真面目,只因为身在其中。真的是这样吗?恐怕是说:因为我身在其中，所以我无法获得全局观和整体感。但是，对局部细节的体验和感受，是生命存在的一种意义。见微知著！感受了庐山的风的清凉，就可以感受所有山风的清凉；感受庐山泉的清冽，就可以感受所有山泉的清冽；感受庐山的局部就可以把握对所有山的基本感受。你真的相信苏轼所言的不识真面目吗？是一种开心愉悦下的自我调侃吧。

整首诗让我感觉就像是在观看一幅中国画，先是远远地、大致地看，获得对山的整体感觉；接着，一定要细细地看进去，这时，你会发现一个小亭子极为精致，一弯流水，一座小木桥，或许画了人或许没有画，但人的踪迹留在画里，不管是画里的人还是观画的人都与大自然融为了一体，物我两忘。这就是我喜欢的《题西林壁》！

有一次讲课讲到了兴头上，我脱口而出："诗的前两句强调有距离的多角度观察和分析，那就是理性思想；后两句强调亲身的细节体验，就是感性生活。人既需要理性为自身获得思想的清晰和澄明，又需要感性为生活增添情趣和浪漫。思想和生活，感性和理性，哪一个可以没有？缺了哪一个都是跛足的人生。这首诗，不仅体现了苏轼的多样性思考，也是对现实生活多样性的真实写照。"

两只眼睛的互补：审美和科学；两种精神的融合：科学与人文；两种状态的结合：感性和理性。各司其职，方能不可替代；各美其美，方能美美与共。

最后，用多年前曾经感动了学员也感动了自己的一篇文章来结束此文和此书。

感性与理性

（Pearl 2014－1－16　此文写给所有的微友。在手机上码那么多的字，真的好辛苦。有点累。呵呵。）

昨晚，与学生朋友们聚餐，话相识的偶然，说离别的不舍，频频听到“感性”和“理性”的赞美之词。原来，课堂上随感而发的“感性生活，理性思想”被大家记在了心里，呵呵，有一分是开心，多几分是感谢。

夜半归家的路上，有一种冲动想说说这两个概念，夜深了，作罢。清晨，起来给孩子做好早餐回到暖暖的床上，迷迷糊糊脑中始终闪现这两个概念。看来，对于我这样的勤快之人，想偷懒几乎是奢望，欠下的总要还，想说的总得说。希望我可以说清楚，不，是说得清楚些，在微冷的清晨，在一缕阳光邂逅一夜霜花的清晨，在被温暖簇拥的清晨。尽管我直觉说不清。

感性和理性，一直是哲学里的重要概念，离开了它们，我不知道哲学的存在如何丰满，哲学的思考如何深刻，哲学的意义如何深远。可对于这样的概念，尝试用科学定义的方法去分析却无法做到。简言之，不完善地说，理性与“日神阿波罗”相关，感性和“酒神狄奥尼索斯”相符。日神精神讲求规则、稳定和秩序，酒神精神却更显狂热、过度和变化。而在我看来，“阿波罗神”就是理性的象征，而“酒神狄奥尼索斯”则是感性的象征。

理性的内容是推理、证明、演算和规划，结果是知识和思想。由此，知识的学习，科学的探索，人生的规划，工作的安排，更多地体现了理性的价值。从古希腊开始的对世界最高本质的探讨，就奠定了哲学形而上学的理性特质，哲学家也因其思想的高度、剖析的深度以及超越的气度而傲然独行。

感性的范畴是推理、证明所不及的地方，情绪、欲望、冲动的种子结出情感、信念、信仰的花朵。一见钟情的心动，朝思暮想的迷恋，欲罢不能的迷乱，花开刹那的顿悟，一个眼神的读懂，都像站在一件艺术品面前的感觉，不同的心，不同的眼光，不同的答案。文学，艺术，情感，本来就是献给读得懂的对方的一份厚礼。如何读懂，问你自己。

感性和理性可以简单区分，实质上难解难分，相互融合。没有纯粹的理性，否则康德的第一批判就不会开启现代哲学的远行，人无法脱离实在的感觉、感受、体验去获得所有的知识，知识离开了实在，只能是无源之水，更是纸上谈兵。没有绝对的感性，正如人被定义为“理性的动物”的那一刻，就无法逃避地被加盖了理性的印章，否则就不是人。

没有感性的理性，就如同一架大机器，机械地运转，高效地生产，却从不思考自身的意义。就如同一个挂钟，年复一年，日复一日，循环着，精准着，却无法感受同样的时间下不同的花开花落，同样的时间长度却有着不同的生命广延。人不是机器，不是时钟，是有血有肉、妙不可言的独立存在。人不仅需要慷慨激昂地走好一段行程，更需要欣赏路边的风景，体验在客观实在刺激下的内心感受。

没有理性的感性，就如同在黑夜中前行，尽管火把高举，凯歌高昂，却不知方向；如同被囚在瓶子里的蜜蜂，一圈圈地瞎转，不断地碰壁，无法破瓶而出；如同在大海上漂泊的小舟，不知出发地，没有目的地，有对话清风的淡然，有对视云彩的轻松,却迷茫、空洞、落寞、虚无。人不是迷途的羔羊,人不是滚滚的洪水,人是自己生命的舵手,人是把握一切存在的"此在",人是万物的尺度。

感性和理性像两条有着无数溪流贯通的河流,既独立前行,又随时融汇,既保持自己的姿态,又有一种默默的呼应。

人生就是这样的河流。理性,让它有目标,执着前行;有力量,浩浩荡荡。感性,让它走走停停,欢快灵动,无限绵延。

感性生活,理性思想。我常常这样讲,我真的是这样的我吗?

如果没有那些年,那些白天和夜晚的惜时如金,没有那些关键时刻的关键把握,没有精心的规划和真实的努力,似乎很难有今天的随意随性,看来,我是理性的。我喜欢理性,不仅是它规范的、形式的美,更是这一哲学传统给我带来的挑战以及由此萌生的愉悦。

几乎每天早晨起床给儿子准备早饭,也许从理性的角度讲有许多不合适的理由,"你应该锻炼孩子自己的能力""你的时间那么宝贵,没必要""外面的早餐更丰富"等等,我想说,孩子的一声"谢谢妈妈",一个拥抱,传递出的无限幸福,足以温暖整个房间,整个成长的岁月。理性在此无用武之地。原来,我更多的还是感性。

说了好多,还是无法说清。难怪维特根斯坦说:"说得清的,我要说清楚。说不清的,我保持沉默。"人生,生活,哲学,感性,理性,哪一样说得清?可是我们不一直尝试说,努力说吗?这就是人生。

感性生活,理性思想,用哲学看世界!

多样性之：从情人坡到《题西林壁》

多样性之：感性与理性

致谢

感谢我的博士导师，德艺双馨、德高望重的黄华新教授，十六年前将我领入对思维创新的思考里，并提供了思考的基本框架；

感谢这十多年来自全国各地、社会各界的喜欢我、支持我、激励我的学员朋友们；

感谢亲朋好友尤其是老爸爸的厚爱和嫂嫂多年来对老爸爸的精心照料，可以让我安心投入工作和学习之中；

感谢林海音的话“记住，你是吃饭长大的，也是读书长大的，更是在爱里长大的”；

由此，我最终感谢的是——那些留在我的生命里的人、事、物，以及由此绵延的动人的爱……